富足的力量

THE POWER OF ABUNDANCE

吴卫华　升学女王简　宸羽◎主编

文化发展出版社
Cultural Development Press
·北京·

图书在版编目（CIP）数据

富足的力量 / 吴卫华，升学女王简，宸羽主编 . 北京 ：文化发展出版社，2025. 3. -- ISBN 978-7-5142-4649-0

Ⅰ . B848.4-49

中国国家版本馆 CIP 数据核字第 2025SG3363 号

富足的力量

吴卫华　升学女王简　宸羽主编

责任编辑：袁兆英　　责任校对：侯　娜
责任印制：邓辉明　　封面设计：孙　怡
出版发行：文化发展出版社（北京市翠微路 2 号　邮编：100036）
网　　址：www.wenhuafazhan.com
经　　销：全国新华书店
印　　刷：河北盛世彩捷印刷有限公司

开　　本：880mm×1230mm　1/32
印　　张：9.25
字　　数：177 千字
版　　次：2025 年 3 月第 1 版
印　　次：2025 年 3 月第 1 次印刷

定　　价：59.00 元
I S B N：978-7-5142-4649-0

◆ 如有印装质量问题，请电话联系：0318-6658666

序言
外在富有，内在富足的人生

什么是富足的力量呢？简单来说，就是赚钱的能量。财富是心力的显化，你有多少心力，就能赚到多少钱。

阳明先生的哲学体系“阳明心学”，不仅在最艰难的时刻成就了阳明先生自己，更在后世激励了诸如稻盛和夫等众多企业家，成为当今社会每个人提高心力，不焦虑的精神良方。

阳明心学的核心观点“致良知”告诉我们，每个人的心中都有一颗良知的种子，只要我们不断地去发现和培养它，就能在生活的各个方面实现真正的富足。王阳明在被贬至贵州龙场驿时，面对恶劣的环境和孤独的境遇，他没有放弃对学问的追求和对内心的探索。正是在这样的困境中，他悟出了“心外无物，心外无理”的道理，从而开启了心学的新篇章。这个故事启示我们，无论身处何种境地，只要我们能够保持内心的坚定和清明，就能在逆境中找到成长的机会，实现自我价值的提升。

在追求外在富有和内在富足的过程中，我们可能会遇到各种挑战和诱惑。这时，我们需要回归内心的良知，用良知来指导我们的行为和决策。良知会告诉我们什么是真正重要的，什么是值得追求的。当我们能够遵从内心的良知，做出符合自己价值观和信念的选择时，我们的人生就会更加充实和有意义。

同时，阳明心学还强调“知行合一”，即知识和行动要统一。在实际生活中，我们不能仅仅满足于理论上的学习和思考，而要将所学的知识和智慧应用到实践中。通过不断实践和行动，我们能真正地实现自己的目标和理想。无论是创业还是职场发展，都需要我们不断地去尝试和实践，以积累经验，提升能力，最终实现外在富有和内在富足的统一。

作为阳明心学的学习者，我从一名普通的小镇青年，到成为高级副总裁，上市敲钟。创业后，更是帮助了上千名企业家打造IP，变现8位数，就是因为自己在心力方面有着超过25年的实修经验。希望帮助每一位创业者实现外在富有，内在富足的目标。

在个人成长和事业发展中，心力、脑力、体力三者的协调发展是不可或缺的。心力代表内在的驱动力和情绪管理，脑力是创造力的源泉，而体力则是执行与坚持的基础。三者缺一不可，只有三力合一，才能在快速变化的环境中立于不败之地，实现内外兼修的成长。

而通过此次合集书的出版，我集结了身边志同道合的各行各业的精英，邀请他们来分享他们的财富故事和人生经历，告诉我们究竟什么才是真正富足的力量。

升学女王简　北美简学教育平台创始人&首席教育官，北美青年Cansbridge创投平台董事会成员，女王商学院优异毕业生。她善于反思和剖析，有着独立的思想意识，她结合个人经历深刻探讨了代际冲突的原因，从矛盾中升华总结出自己的教育理念。

宸羽　独立投资人。她因成长和求学经历，变得自立自强，能从容面对未知的世界。之后她内心深处的力量被孩子唤醒，她领悟到生命的真谛，不仅在于追求完美的健康状态，更在于逆境中展现坚韧的精神，找到前行的方向。她和孩子一起踏上一段充满希望与挑战的旅程，陪伴孩子领略美好的世界。

董老师　董氏贴骨传承人、企业家健康规划师，20年专注各大企业家高净值圈、高端人群私人健康管理，曾服务10000多名企业家、明星等高端客户。在外婆的影响下，她从小就对中医产生了浓厚的兴趣并跟外婆学习了贴骨疗法技艺。她传承并发扬贴骨疗法，帮助很多人恢复了健康，还致力于推广中医文化。

何庆海　云阙智能联合创始人、总经理，中国国际公共关系协会"年度最佳经理人"，上海市广告协会理事，华商书院企业家AIGC研究院副院长，工信部认证的AIGC导师。他通过自述个人职业发展和创业历程，展现了从营销公司到AI创业的转变，以及对行业趋势的敏锐洞察和不断学习、适应变化的决心。

周芸莛　主任税务师、高级会计师、高级经济师；本科毕业于西南财经大学，就读厦门大学EMBA；执业20年，深耕财税领域；扬帆财税集团创始人兼首席咨询师，团队为超3000位客户提供过服务。她讲述了自己从一名普通的农村女孩成长为财税领域专家的奋斗故事，她的故事鼓舞人心，激励着同样有梦想的人爱拼才会赢。

相飞-北京IP操盘　6年IP商业操盘手、IP教练，累计流量过6亿，变现3500万元；原光曌集团副总裁，顶级珠宝玉石摄影师。他深入探讨了短视频IP财富力的具体含义，强调了好业务、好表达、好审美和好初心的重要性，为短视频创作者提供了宝贵的指导。

黄利霞 30年整体自然抗衰美肤专家，永锡生物科技（杭州）有限公司创始人，RoseLinder护肤品牌创始人。她探讨了美容与内在美的结合，提倡提升个人审美和科学护肤，强调真正的美是多元的，涉及生活态度和美学情趣。

王瑜 非遗传播大使，南有佳燕燕窝品牌创始人，爱之甘醇艺术白酒品牌创始人。她讲述了自己的创业历程，展现了她对艺术和品质的执着追求，故事鼓舞人心，体现了产品与人品的紧密联系。

天露博士 中国政法大学国际经济法硕士，北京师范大学应用心理学博士，赋能多位企业家、CEO、高知人群，让创业者活出自在喜悦，达到内圣外王的境界，天露博士品牌创始人。她展示了自己从病痛中自我超越的心路历程，通过个人经历传递了心的力量和生活智慧。

Wendy陈雯 精通AI的地产经纪，海漂加拿大25年的留学生/移民，安大略省注册工程师/六西格玛黑带。她勤奋、努力、求上进，学业有成，取得一番事业成就。加拿大地产经纪人的工作，给她带来成就感，赋予了她见证生命轨迹交汇、绽放的独特视角，激励她继续前行。

赵悠悠　健康逆转领域创新者，独创“悠悠快速入睡法”和“悠悠快速逆转法”，课程开发与传播者。她通过个人经历分享了健康逆转的创新方法，激励人们面对逆境，寻求自我救赎，具有很强的启发性和实用性。

红杏　旅居瑞士，Everkid青少年户外教育机构联合创始人，研学及留学规划师，国家二级心理咨询师，高级评茶师。著有《最后的天堂》《户外养育新理念》《体验无止境》。她旅居瑞士、创办教育机构的丰富经历，展现了教育者的责任与担当，以及在逆境中寻求突破的勇气。

颜学梅　中国青年作家学会理事，青年作家网、中国海南海岛作家村签约作家，作品在全国各类征文比赛中荣获多项大奖，文章入选《纸满云烟》《墨染风华》等书。通过讲述自己学习写作的故事，展现了坚持与热爱的力量，活出了自己的精彩人生。

心华　国家二级心理咨询师，17年教育创业经历，家庭问题系统解决方案提供者。她努力探索自己的发展道路，遇到创业困境后，在反思中与矛盾的内心和解了。她开始关注和爱自己，同时更明确了自己从事教育创业的初心，而且她努力取得事业和家庭的平衡。她将自己的所学和实践整理成一套名为“孩子是棵树”的课程，在孩子身上看见富足的力量。

厉斌 毕业于浙江大学化学系，从事医药健康行业20年。执业中药师，亿轻松品牌创始人。他受父亲影响颇深，从小对中医药知识耳濡目染，他由此产生兴趣，开始深入学习。母亲疾病缠身的经历，让他坚定了学医的信念。他将理论和实践相结合，扎根中医药健康行业，专注非药物健康调理领域。

点灯人娜姐 原名：吴娜，女性成长导师，高级音疗师，20年资深景观建造前高管。企业家财富心力教练，关联销售额数亿元。水墨研习30多年，有15年瑜伽修行及从业经验。她因为生活的变故，转而开始注重心灵的成长，找到了能安定内心的力量，内在变得富足，进而走上一条赋能他人心灵成长的道路。

Lily King 北京师范大学心理学硕士、科爱基金理事、家庭教育成长规划师、Kidult森林学校创始人兼校长、国际汉语教师、培德书院原院长、育达威教育文化交流有限公司/温莎国际教育中心/温莎幼儿园前CEO兼总园长。她在伤痛中领悟到生命的真谛：在无常中学会感恩，于别离中发现坚韧，从爱中汲取力量。她还明白，真正的富足不在于拥有多少，而在于内心的丰盈。

王曼 慢聊传播创始人，哥伦比亚大学数字营销策略研究生，15年品牌公关人，曾为上万家媒体与企业搭建联系，华为、东风日产、比亚迪等众多知名企业媒体传播幕后操盘手。她通过公关生涯故事，展现了个人成长与职业发展的心路历程。

无味 本名黎敏，2001年进入茶行业，长期行走在茶叶产区一线，日常在一线传播茶文化、传承茶疗，国家级茶艺技师、茶艺师考评员、茶疗培训师、茶疗师考评员、北京广播电视台茶叶类节目常驻嘉宾、中央人民广播电台《幸福习茶课》嘉宾。她在文中展现了其对茶文化和茶疗的深厚情感及使命感。

黄芳 集艺花传创始人，中华花艺文教基金会资深教授，厦门市风景园林学会插花分会副会长，厦门市绿化中心专家咨询平台插花艺术栏目专家。她对中华花艺的深刻感悟和艺术实践的记录，展现了她对花艺的热爱、对传统的传承以及在现代生活中推广花艺的努力。

星空 世界500强企业财务高管（通用电气、柯达、艾尔建集团、艾伯维），企业商业模式搭建顾问，企业并购与运营顾问，中国注册会计师，英国皇家特许会计师。她叙述了自己在财务领域的职场生涯，在此过程中，她将个人成长与职业发展相融合，实现了自我价值。

宋宛霖 国家高级公共营养师，家庭教育咨询师，文案创作&配音达人，生发养发、护肤&瘦身减脂顾问。她从对语言的热爱到职业转型，再到微营销成功的历程，鼓励人们挖掘自身潜力，勇于面对挑战，实现自我价值。

郑艺芳 央广财经特邀嘉宾，独立保险经纪人，从业11年，业绩连续达到百万圆桌会议TOT（顶尖会员）标准，保险名家IMA金奖，中国科学院硕士、原新东方优秀教师。她讲述了个人成长和职业转变，展现了她从自卑到自信的心路历程。

高建玲 中国早期公关传播成员，熟悉各阶段的传播模式。她以自己在公关传播行业的经验，以及自己从行业新手到创立自己公关公司的历程，展现了公关行业的变迁和个人对创新的不懈追求。

范镌文 中国地质大学兼职教授，深圳职业技术大学特聘专家，深圳市女企业家发展促进会秘书长，拥有十年经验的资深政商企业家演讲顾问，广东省人社厅组织世界技能大赛巡回演讲特邀专家。她讲述了自己的创业历程，表达了成长比成功更重要的理念。

黄孝清 华中科技大学本科，资深人力资源专家、人力资源管理师、心理咨询师，创投社群进化家（天使成长营）起源合伙人，上海交大教育集团顶层设计研究中心智库专家。他讲述了自己从小镇青年到资深人力资源专家的奋斗历程，展现了自己对个人成长和职业发展的深刻思考，以及对未来的积极规划。

余老师　余乐教育创始人，英语自然习得推广者，扬长避短教育倡导者。她分享了自己在英语教育领域的深刻见解和实践经验，内容丰富，案例生动，对教育工作者和家长具有一定的参考价值。

杨老师　极简英语创始人，曙光妈妈俱乐部创始人，北京奇迹少年国际教育咨询有限公司创始人。她分享了自己在英语学习方面的实用技巧，既有理论指导又有实践方法，对英语学习者具有很好的启发和指导作用。

张凯珺　创业暖男、全方位富足倡导者，专注打造个人持续收入系统12年，12年富足轻资产创业者与创业教练。他讲述了自己的成长故事和创业经历，从大公司员工到社群创业者，他对全方位富足生活的理解越来越深入。

张雯琪　华西医科大学毕业，国家二级心理咨询师、人才测评师。成功规划女儿美国本科三年直博学业，获得Top 10大学人工智能博士。人工智能+心理咨询youcai.ai联合创始人。作者从对女儿的亲身教育经历中得出孩子学业规划和陪伴孩子成长的深刻见解，对家长具有启发性。

刘灵　河南国学联盟有限公司联合创始人、中国奇门数码决策研究院（香港）副院长、全国促进传统文化发展工程刘伯温文化研究会副主任。她喜欢国学文化并与国学文化结下深厚缘分。她和丈夫尽心配合开展刘伯温文化宣传工作，他们还以刘伯温的历史智慧与文化内涵为依托，为多家企业的发展谋划布局。

澜月　营养师和健康管理师，一个素龄8年的中年美少女。她通过自述个人成长和素食生活方式的转变，真实记录了她从内心孤独到通过素食实现自我疗愈的过程，展现了素食对身心健康的积极影响。

张福生　璟承联合家族办公室郑州中心创始合伙人总经理，35年金融、财富管理行业经验，拥有CFC、CWM、CPBA资格认证，为上百位高净值家族客户提供过全方位服务。他讲述了自己从中学教师转型成为金融行业专家的人生历程，以及自身取得的成就，表达了他对个人成长的深刻理解。

唐文娜　吴聊传播CEO，英国CamEmpower咨询公司创始人&CEO，英国剑桥大学教育学博士，英国牛津和剑桥大学教育学双硕士，留学英国13年，20年的教育沉淀，曾任职于头部教育互联网大厂宝宝树&VIPKID。她以留学经历展现了个人成长与命运转变，诠释了教育的重要性。

衷心希望通过这些故事，企业家可以获得持续增长的源动力，创业者可以收获永不放弃的韧性，职场精英可以驾驭升值的内核，家庭成员能重启幸福生活的源代码。

扫码添加《富足的力量》联合作者

吴卫华

升学女王简

宸羽

董老师

黄利霞

王瑜

天露博士

WENDY 陈雯

心华

厉斌

点灯人娜姐

Lily King

星空

米宛霖

郑艺芳

高建玲

杨老师

张凯珺

张雯琪

刘灵

何庆海

周芸茳

王相飞

赵悠悠

红杏

颜学梅

王曼

无味

黄芳

范镌文

黄孝清

余老师

澜月

张福生

唐文娜

CONTENTS
目 录

从小镇青年到敲钟上市，什么才是富足的力量

吴卫华

吴聊传播创始人、企业家 IP 教练、财富心力教练

25 年品牌公关 IP 专家、前上市公司高级副总裁

中欧国际工商学院 EMBA

我从一名普通的小镇青年，逆袭成为前上市公司高级副总裁，敲钟上市。我想跟大家分享的是，什么才是真正富足的力量。

01 志不立，天下无可成之事

所谓富足，就是你坚定地知道，你要去哪里。

作为一名湖南伢子，我从小随父从军，但没想到的是，3岁就遭遇了一场大火，父亲冲入熊熊烈火中，一把将我拽了出来。后来老人们总说，大难不死，必有后福。不知是不是因为这个原因，我变得特别懂事。我7岁开始学着做饭，帮妈妈分担家务，帮着照顾小我3岁的弟弟。

父亲是海军南海舰队水工大队的政委，因为善解人意，很多的战士都来家里向他诉苦，父亲全程都会耐心倾听，之后用简单几句话就能成功解决他们的难题。我那个时候听在耳里，记在心里，从父亲身上，我领略到了倾听的力量。

有一天，我听到一声巨响，原来是母亲被无意中扫到炉子里的哑弹，点火之后产生的爆炸弹片穿过了她的大腿，鲜血直流。令我震惊的是，母亲并没有惊慌失措，而是小心翼翼地把火关好，把炉子上煎的猪油放好，然后，才对自己进行了简单的包扎。从母亲身上，我学到了勇敢。

虽然我成绩一直都不错，但发挥失常，没考上重点中学。有一天晚上，我无意中听到父母商量，拿出家里仅有的生活费，给我缴纳助学金。听到这里，泪水划过我的眼眶，我暗暗发誓，一定要好好念书。这个flag一直激励着我，好好学习，不让父母操心。最后我高考以全校文科状元的身份，考入了北京国际关系学院。

在大学我成为广播站站长，还利用课余时间，和好兄弟去酒吧做驻场歌手，赚来的第一笔钱，就是请弟弟来北京旅游。为了当时的学妹、后来的爱人，我放弃了湖南省厅体制内的铁饭碗，坚定地北漂，成为自己的“人生操盘手”。

我的第一份工作去了中国品牌公关第一上市公司蓝色光标，当时董事长亲自面试录取了我。由于整个媒介部门整体辞职，公司几乎瘫痪。我还是个新人，手里就要接手六七个项目，每一个项目都要面对好几百家媒体。第一天上班，我就被部门经理劈头盖脸一通训：“你跟媒体怎么打的电话？到底懂不懂媒体？！”

被当众羞辱的我，暗暗下决心，一定要把媒介知识补上！当时的媒体加起来一共有几千家，并且都是陌生的媒体。每家媒体都要了解它的背景、版面和记者情况。为了快速熟悉每家媒体，我就像英语考级一样，把媒体名单当成单词表来背。

因为我的勤奋和努力，和非常好的服务意识，同时还能抓住媒体和客户需求之间的关系，找准媒体和客户匹配度高的选题，所以媒体都说我是职场“老司机”，也让我成功操盘了几个项目，每到发工资的时候，财务部的负责人都冲着我笑，收入翻了好几倍。

后来，我和蓝标的几位高管一起出来创业，经过几年的打拼，我赚到了人生的第一桶金，就给父母在老家买了一套房，公司还被评为中国公关25强。正当我志得意满的时候，忽然丢了公司的大客户。多方权衡之后，我们结束了创业。几经周折，我进入了宣亚国际，成为媒介中心总经理，主动链接媒体的上百名总编，把他们请到宣亚国际面对面交流，训练出了一批公关媒介的正规军。

02 唯有苦难，才能生智慧

所谓富足，就是你可以把所有吃过的苦变成财富。

2013年的某天，老板突然急匆匆地找到我。他说："卫华，你需要接手一个重要的客户。"这个客户在公司排名前三。当时服务他的团队，因为某些原因集体辞职。

第一次开会，我就知道这个项目有多"烫手"。当时他们有一款新产品，而且是决定公司命运的重磅产品即将上市，所以"只许成功，不能失败"。同时他们作为一家中外合资企业，很多流程都需要双盖章、双签字、双审批，内部沟通很烦琐。

对方一名非常重要的高管，平时跟我们沟通的言语很暴躁，而且要求所有合作伙伴，从白天到晚上，都必须关在办公室中，甚至你喝口水、上个厕所，都要打报告。很多时候，我们只是一句话没表达清楚，就是难听的脏话和责备劈头盖脸地砸过来。

当时我一边要想办法协调资源，维持原本20多人团队的工作量，还要四处招人。那年，我小儿子刚刚出生，我一周7天，有5天要从北京去到外地。30多岁，来自公司、客户和家庭的各层面，使我感觉到从未有过的无力。

好在阳明先生“龙场悟道”的故事鼓励了我，“圣人之道，吾性自足”。曾经让我痛苦不堪的难题，在“转念”之后，都找到了解决方案，我跨组协调专家资源，从几十个方案中去探索最适合当下的方案。

我把老板身边的干将要过来救急，拉起了新团队的骨干。就这样，我从一个对方眼中不被信任的项目负责人，进化成为团队不可或缺的超级链接者。6个月后，客户的产品上市发布会也极其成功。甚至我还为客户的一款老车型策划出双车双轮并行，通过最窄限宽门的特技表演，成功地申请吉尼斯世界纪录。就这样，我们保持了12年的密切合作，也为宣亚国际走向上市创造了每年几千万可观的流水。

完成公司上市的里程碑，我也获得了相应的股权回报，但我不想躺平，我开始思考人生的意义。我考上了中欧国际工商学院，我在戈壁上徒步行走，重新品味人生的意义。

在疫情期间，我偶尔刷到一位创业者因为不懂营销破产而痛哭流涕的视频。内心被深深触动。而我有21年跨领域品牌传播的经验，服务过多家世界500强大品牌公司。我完全可以通过新媒体，让创业者花很少的钱，就可以解决营销的问题。于是2020年的六一儿童节，我毅然决然从上市公司裸辞，将自己前21年的职业生涯清零，以44岁的中年，All in视频号重新开始创业。

03 鹰的重生就是拔掉羽毛，等待它再次慢慢生长

所谓富足，就是你敢于抛弃过往的财富重新开始。

2020年6月28日，我发布了自己人生的第一条视频，一个月后我有一个参观山东东阿阿胶博物馆的机会，就顺手发了一条“老字号，老树开新花”主题的短视频。直接传到了阿胶董事长那里，他亲自分享传播，最后导致有几千个员工和经销商集体连续点赞，瞬间让那个短视频成了商业爆款，让我充分感受到了视频号社交裂变的巨大威力。

从此，就创造了我罕见的两个365天日更、日播奇迹。创业的第一年，我推出了吴聊创世终身社群，以21年品牌公关经验给客户做商业定位和账号梳理。伴随着我365天不间断的直播，给需要的企业老板和IP分享干货、空中答疑、链接资源。

第二年，我推出了吴聊私董会。为了直接帮老板拿结果，我们区别于同行一对多的交付模式，推出团队每期只服务一名案主的策略，为客户的企业发展提供定制化的解决方案。

第三年，我开启了全案IP账号孵化业务。作为创始人的我亲自交付，帮助百余名高端全案客户一站式打造短视频高定名片，前端引流

吸“精粉”，后端转化促成交，让客户业绩实现10倍、100倍的增长，变现千万。

一个做燕窝的客户，因为一条《十年故事》瞬间打开了山东市场，也裂变成价值千万的合伙人；一位做机油的客户，因为置顶三条视频，打动了曾经对他冷漠的客户，下了将近200万的润滑油订单。置顶三条，精准定位了创始人的人设，以及公司的特点和产品的卖点。

我懂老板的商业模式，每次给他们咨询之后，我都会亲手把上万字的录音整理成一篇精彩的逐字稿，还鼓励他们在镜头前侃侃而谈。当他们看到自己的故事被拍摄、精剪出来之后，那种喜悦的心情会伴随着亲友的点赞而波澜壮阔。

我曾逆袭人生，让自己而富有；我也曾经宠辱不惊，让自己富足。2024年，在48岁的中年时刻，我进一步顿悟：富足人生更大的意义在于帮助有需要的人，从而让这个世界变得更美好！

如何养出 »»»
内心富足的孩子

升学女王简

- 北美简学教育平台创始人 & 首席教育官
- 北美青年 Cansbridge 创投平台董事会成员
- 女王商学院优异毕业生

1994年出生的我，今年已满30岁。作为中国“鸡娃”教育的第一批被动参与者，我的前30年既是成功教育的典范，也是失败教育的缩影。

大多数人眼里的我，无疑是成功的。30岁时从名校毕业，买房买车无贷款，有100万左右的流动资产做投资，每年有75万—150万的稳定收入，马上与相爱的未婚夫结婚，并且在执教8年的今天，我已赢得1000多名家长和学员的认可，成为他们心中的北美名校升学教育领域的专家。

失败在于我曾深陷忧郁的阴影，对于生命的迷茫，萌生出逃避的念头。这些负面的情绪，主要源于我从小父母就对我有很高的期待和要求，这些都产生了无形的压力，让我在成年后，即使经历职场不公也负重前行，只为能够达到父母内心希望我成为的样子。如今，这些彷徨和无措仍然存在。

在反思“我”这个自我矛盾体的过程中，我意识到教育是一个开放系统，是无法提供标准答案的。有时候我们最想让孩子避免的弯路，其实正是他们需要经历的。所以，人生最好的教育是修炼自己：谁经历，谁获得。

01 “70/80后” vs “90/00/10后”：如何养出内心富足的孩子

当“70/80后”家长遇到“90/00/10后”，教育会擦出什么样的火花？过去的我和现在的学生与家长们每天都在经历类似的挣扎、轮回重复的剧本。我们到底如何摆脱这类代际创伤，让孩子们有内在动力去学习和创造他们自己美好的未来？

在做教育的8年里，我帮助超过300名华裔学员进入欧美顶级名校，如卡内基梅隆大学、纽约大学、密歇根大学、佐治亚理工等。从心底里，我对现在华人的教育现状有惋惜、有憧憬。

我的成长和事业给予我使命感让我坚持走下去，并决定要把高质量的素质教育提供给更多的华裔家庭，让他们有机会站在世界的舞台上成为我们共同的骄傲。

我总结这类代际冲突主要源于3个核心原因，而我也在教学过程中帮助家长和孩子们一一解决，让孩子们不仅拥有好的成绩，也获得优质的亲子关系。

第一个核心原因：成长时代环境不同。

我的父母和大多数“70/80后”家长一样，是改革开放后受益的第一批普通老百姓。只要是大学生，那一定是稀有人才，国有企业会给出丰厚的薪资来争抢。那个年代的父母，因为自己过去匮乏的生活经历，所以对子女寄予厚望。而我也在无形中，成为中国的第一批“被鸡的娃”。

“90后”是第一批高频接触互联网的一代，因此他们可以快速获得大量信息，并通过互联网与世界产生连接。他们可谓是第一代世界居民。这有利有弊。

6岁时，我接触了那时稀有的电脑和复印机。我用父母公司的软件自学了盲打，搭配上独自完整读完的第一本中文小说，我照葫芦画瓢独立完成了第一张带有插画的画报。爸妈看到6岁的我独立完成的著作后，内心充满了欣喜并迫不及待挂在了家中客厅墙上。家中的来访者也跟着欣赏起来，并很捧场地要求购买。第二天我便趴在家里的复印机前一页页地复印着我自己做的画报，并售卖给预定的“客户们”。不过，这个画报生意在我上小学后就停止了。因为每天除了上学就是上不完的各种补习班。这种填鸭式的学习让我渐渐失去了学习的内在动力。

这似乎是我的很多学生现在与家长斗争的常态。现在教育市场鱼龙混杂，很多家长因为自己孩童时期的缺失，而像无头苍蝇一样推着他们的孩子疲惫地奔波在各类补习机构之间。在这种大的教育环境下，我和很多孩子一样被迫进入一个大众所接受的队伍，整齐划一但也盲目地向同一个方向前进。我能与我的学生感同身受：这些孩子真的很辛苦、很可怜，他们这么累，却根本不知道为什么要学习，或者怎么学习才有意义、有价值？他们没有思考、创新、个性和动力，成了为了各种考试达标的机器。他们不去思考自己喜欢什么，想要什么，擅长什么，而只是按照大众的标准盲目、疲惫、被动且麻木地“卷”。当孩子在学习过程中看不到未来，看不到希望，那他们的内动力就会消失，这样是很难在人生的长跑中胜出的。

培养技能只是表象，心性和内核稳定才能决定你能走多远。

第二个核心原因：价值观不同。

小学时，我肯定不是别人家的孩子。学习永远不是全班第一，但是保证前十，因为我抵触重复刷卷子。我也通常评不上班长，因为我从小就相对难管，是个有强烈独立思想意识的小孩。我发现很多华人家长总是希望自己的孩子听话，按照他们的要求去上补习班，后面找个好工作。但是孩子不是机器，新一代的儿童多数能接收多元化的信息，有自己独立想法的孩子更能适应瞬息万变的社会。

小时候的我，在闲暇时间会带着朋友去为受孤立的同学打抱不平；或把自己额外的画笔捐赠给家庭条件不是很优越，在美术课上没有画笔的小朋友。来到北美后，我也会根据自己的兴趣积极参与学校俱乐部和社区的义工活动，并担任领导职务。

除了上补习班以外，我会读很多杂书，如《读者》《鲁滨孙漂流记》《钢铁是怎样炼成的》等，我甚至还独立读完了《哈利·波特》第一部的英文版。

虽然这些看似无用的兴趣在短期内并没有帮我成为班级里的第一名，但是大量的读书让我对获取知识一事变得痴迷和渴望，间接培养了我强有力的总结归纳和自学的能力，这为我未来出国后上IB课程和北美名校打下了深厚的基础。当其他同学还在盲目地刷题并背零散的知识点时，我已经学会用自己的学习方法在纸上画出多维度应用的思维导图和知识体系，达到了逢考必会的境界。

所以，教会孩子们学习方法和思考方法是我教学中的重要理念。

在我从事教育的过程中，我致力于帮助孩子们拓宽他们的思维维度，让他们意识到学习不只是发生在课堂里。他们所获得的优秀素质是能够在人生的各方面帮助他们发现并解决问题，帮助自己和他人过上更好的生活的。当他们有了一双能看见别人的眼睛，一颗能够共情的心，一个充满思想的大脑和一对创造价值的双手，他们的人格才是真正完整的，他们的未来才是真正明亮的。

我深信教育的核心是影响，而不是改变。

第三个核心原因：沟通方式的差异。

不同的成长背景和价值观的外化模式会导致沟通方式的差异，进而导致不同程度上的代际冲突。

“70/80后”父母习惯以命令的方式去要求孩子。他们总觉得自己的人生经历更多，所以总希望孩子们按照他们的要求来盲目执行，这样孩子可以少走弯路。但与孩子的沟通是需要建立在平等、理解和尊重之上的。虽然父母有他们的经验，但不代表孩子的经验没有价值。当父母能够听见和看见孩子的感受时，孩子才更容易听得进父母的建议并在实践中借鉴。

同样，“70后”父母认为一家人是没有隐私的，孩子应该把自己内心世界的所有都分享给父母。但是，对于新一代孩子而言，他们是非常强调个人空间和隐私的，即使你是我的父母，我也应该拥有独立人格和天地。

拿我的学生和我自己来举例：很多家长向我抱怨没法管自己的孩子，因为他们回到家还没说上话，孩子就把房门和心门关上了。其实我是很理解这些孩子的。有一天，我正在自己的工作室忙着下一节课的准备，我父亲带着他来加拿大旅游的大学同学突然到访，一定要我向他的朋友炫耀工作室（我自己全款购买）。我虽然能够理解父亲，但是在那一刻，我深深感受到很强烈的反感以及个人空间被入侵的委屈和愤怒。一连好几天我都不与父亲沟通并切断了与他的情感连接。

这种事在我成长的过程中发生了很多次，父亲的主观意识总想引导我走他认为对的方向，这导致我很多时候即使知道他是对的，我也要反着来，因为我感觉他并没有把我当作一个有独立意识的成年人来对待。在我和我的学生沟通的过程中，很多人似乎有同感：当他们的个人精神和意识形态没有被父母看到时，逆反是很自然的现象。

02 我想送给孩子们的教育礼物：中西合璧、取其精华

因为是亲身经历，所以我深知在教育方面，东方有东方的好、西方有西方的妙。

东方教育深谙“细节决定成败”的道理，尤其注重孩子良好习惯的培养。例如：自律与坚持、礼仪与尊重、注重基础。

西方教育的优势在于个性发展，其核心在于鼓励孩子探索兴趣、表达自我并勇于创新。例如：自由探索、批判性思维、创意与动手能力。

当教育者能平衡这两个方向，并为孩子们铺设一条全面发展的道路时，不仅可以让孩子更好地适应现代社会需求，还能让他们在全球化舞台上游刃有余。

具体该如何做到呢？我有三点建议。

1.习惯与自由的平衡：既要培养孩子每天读书的习惯，又要尊重他们选择读什么书的自由。

在我的英文教学课程中，为了能让孩子从心底热爱阅读，我会旁征博引，在读一本英文原著时不仅要把书籍本身读完，也要引导孩子去了解书籍的历史背景和作者的概述，让他们深度理解一本名著所要刻画的社会现象和要表达的议题。同时，每年夏天我也会带领我的学生到北美或欧洲当地的文化艺术中心，让他们沉浸式体验书籍中的文化内涵。比如去年夏天，我带着我的学生去看了《哈姆雷特》的舞台剧。所有观看的孩子都对英文原著产生了浓厚的兴趣。

有一个孩子是ELL（北美高中生英语语言过渡班）的学生，在认识我之前很少读英文书。今年夏天，额外的社区英文体验欣赏激发了她内心对英语文学的兴趣，让她的内心充盈起来，以富足的状态与英文名著对话和沟通。

因此，她在和我学习的一年内成功出了ELL，并可以流利地阅读和解析英文巨作《了不起的盖茨比》《麦克白》等，还能轻松写出数千字的英文文学解析稿。

2.知识与实践的结合：在学习文化课基础的同时，鼓励孩子运用所学知识解决生活中的实际问题，比如编程设计自动浇水装置。

有一个小男孩来到加拿大后，因为学英语找不到方法，找了很多老师，还是没达到好的效果。我看到他总是被动输入，也没有自己的想法，每次一到自习的时候，他就叹气。于是我找他谈话，邀约他开启一个新的项目，策划一个他感兴趣的课外活动。他马上一改唉声叹气的样子，兴致勃勃地跟我谈他的愿景。

我肯定了他敢于踏出舒适区，开启做项目的勇敢，并顺势问他："这么好的项目，是不是要落到实处？可如果你的英文报告都是错别字，怎么谈？"

他一下子就明白了我的意思，知道学好英语是做好项目的基础。

当他找到学习的动力后，一下子变得特别认真。在我教会他我自己发明的系统性学习和总结归纳的思维方式后，他突然发现学习变得轻松了，英语成绩有了很大提升，甚至连特别厚的400多页的原版小说，都能在两周内轻松读完，学校的英文成绩也提升了20%，他的家长感到非常惊讶。

而这些提升，前后只用了三个月时间。

我激发了他的学习动力，让他意识到学习的用处，知道这能为自己所用，是自己需要学的，那么接下来的方法就很简单了。

通过项目制的方式，他知道每个时间点需要做什么，自己会思考如何实现自己的目标，如何去实施，遇到问题如何去调整才能达到预期的效果。

最终这个孩子在我的引导下成功独立完成一次义卖的策划，为当地医院募捐1500加币并和当地企业建立了友好的关系。这对于一个高中生来讲是极其宝贵的经历。

我还有一个学生，兴趣爱好非常广泛，他参加了很多活动，但就是没有沉下心来努力的一个方向，父亲对他要求很高，但很少鼓励，他也看不到自己的价值。

通过我的文书（高二申请大学用的文书，类似于介绍个人全面素质的简历，包括你的兴趣、优势，以及作为领导的品质）梳理，规划提炼，他看到了自己没看到的价值，在自己的众多爱好中找到了代表自己个人品牌的部分。

他找到自己的价值后，整个人都充满活力，还顺利考上了卡内基梅隆文理学院。看到他找到自己的价值，找到自己未来想要发光发热的领域，我仿佛已经看到了一个引领未来的领导者缓缓走来。

3.文化与全球视野并重：让孩子既熟悉自己的传统文化，又能用开放的心态接受和理解多元文化。让孩子参加春节活动，了解传统习俗，同时也参与国际化的万圣节装扮派对，感受不同文化的魅力。

中西合璧的教育方式，能帮助孩子全面发展，还能让他们在全球化的社会中既有扎实的根基，又能展翅高飞，找到属于自己的独特道路。这份礼物是无价之宝，是真正富足的力量。

爱与逆境：生命深处的微光

宸羽

独立投资人

“最好的东西总是免费的，比如阳光、空气、水，还有爱。”它们是生命中最宝贵的财富。真正的富足，并不是银行账户上的数字，而是从容面对生活的态度，能感知生活幸福的能力。

内心世界的丰盈、乐观、豁达、自信、真诚、勇敢，这些比黄金更珍贵的宝藏，能让我们在逆境中不屈不挠，顺境中保持谦逊。只有以积极向上的心态赋予生命持久的光芒，才能在平凡的日子里寻找到非凡的生命意义，感受到生活中的点滴小确幸，找到自己的价值与意义，享受属于自己的富足人生。

01 逆境中的绽放

我的成长故事始于一个传统的中国家庭。父母专注于事业，鲜少参与我的生活。他们无法给予我过多的关注，无法抽出时间和精力辅导我功课，没法接送我上下学，更没空参加学校的亲子活动，与班主任交流来了解我的情况。父母总是要求我听话，不可以在家里吵闹，不能带朋友回家玩耍，而且他们也不会与我拥抱、说闲话聊家常。

逐渐，这种“缺席的亲情”培养了我的独立意识。小学毕业之际，我自行申请了一所外地的女子寄宿学校。初中毕业，我便申请了澳大利亚的高中寄宿学校，在海外一直读到大学。这些都是在我独立完成并获得录取后，才告知父母的。幸运的是，父母不仅提供了经济支持，还对我的选择表示理解和赞同。

尽管父母给予我的陪伴和情感交流相对较少，但在经济和生活自由度上，他们却总是无比慷慨和宽容。我体会到一种不显山不露水的爱，而且其中充满了尊重与信任，这让我有足够的勇气和底气去探索未知的世界，追求自己的梦想。

02 海外求学的洗礼

在异国求学生涯中，每一天都像是对灵魂的洗礼。面对全新的文化和语言障碍，我疲惫不堪，没想到味蕾上的探险更是充满“惊喜”与“惊吓”。在无数次的味蕾探索中，我深深体会到，这世上最美味的莫过于蛋炒饭。那时的澳大利亚还是个美食荒漠，在无数个寂静的夜晚，特别是我饥饿难耐之时，对家的思念如潮水般涌上心头，让我倍感孤独与无助，极度渴望回到那个温暖、充满饭香的家。

正是在这样的环境中，我学会了坚强，学会了在逆境中寻找出路，而且我还明白了，真正的学习不仅在于知识的获取，更在于培养应对不确定性的能力。每当我克服一个难题，心中的成就感便油然而生，而且坚韧的意志还让我更加自信从容。这段经历不仅增长了我的知识，更让我在情感和意志上完成蜕变。它教会了我在孤独中发现自我，在挫折中重拾信念。陌生人的鼓励虽微小却温暖，如冬日阳光，指引我前行。曾经那些鼻头的酸楚和泪水的苦涩，却成了我如今生命中最宝贵的回忆，让我更加感恩和珍惜生命中的每一份善意与帮助。

03 家庭的变故与新生

大学毕业之际，在父母的强烈建议下，遵循着传统观念中对子女婚姻的期望，我回到了国内，步入婚姻的殿堂。然而，正当我对未来的生活充满憧憬和期待时，一场突如其来的变故，改变了我的人生轨迹。父亲因病离世，母亲受到了极大的打击。那个曾经坚强果敢的母亲，仿佛一夜之间变得脆弱不堪。她常常独自一人，目光空洞地望着窗外，似乎在寻找着什么。有时，她会突然泪流满面，紧紧抱着父亲的照片，低声呼唤着他的名字。那声音里充满了无尽的思念与不舍。看到母亲这样，我感到一种深深的无力感，自己无法为她做任何事情来填补她心中的空洞。我多么希望时光能够倒流……

就在那段最黑暗的日子里，一个新生命的到来，犹如一束温暖的阳光，穿透了我们心中的阴霾。母亲看着襁褓中的小生命，眼中渐渐恢复了光芒，眼神里露出久违的笑容。每当看到母亲温柔地抚摸孩子的脸庞，孩子的小手紧紧抓住母亲的手指，听到母亲轻声细语地唱着摇篮曲，我的心中便涌起一股暖流，泪水不禁夺眶而出。那些温柔的瞬间，仿佛治愈了我们内心的伤痛。重生的喜悦点燃了生活的希望，感谢这个小生命的到来，让我们再次感受到生活的美好与希望。

此刻，我从女儿变成了母亲。我清楚地知道自己的童年缺失了什么，自己渴望什么。于是，在养育孩子的过程中，我吸取了教训，告诉自己：无论如何都要陪伴孩子成长，成为孩子最好的朋友；无论多艰难，也要自己带孩子，做孩子最好的妈妈。

04 初为人母的考验

孩子出生后的第42天，我带着她到医院进行体检。医生的话如同一把锋利的刀，刺穿我的心房。孩子被诊断为身体发育不良，脑部发育迟缓，天生过敏体质……

那一刻，我的世界瞬间失去了色彩，陷入无尽的黑暗，好像有一只无形的手紧紧扼住我的喉咙，让我窒息。泪水如决堤的洪流模糊了视线，绝望与痛苦将我打入无底深渊，让我感觉整个世界都坍塌了，只能任由悲痛撕扯我的灵魂。

窗外阳光透过车窗洒入车厢，车内形成斑驳的影子。司机平稳地开着车，保姆安静地坐在副驾，孩子在月嫂怀里睡得香甜，脸上浅浅的笑容显得格外可爱。我轻轻掠过他们，目光定格在车内精致的细节上，柏林之声的音响播放着悠扬的古典音乐，旋律美妙，却无法打破我内心的寂静。

看向窗外不断后退的风景，一股难以言喻的苦涩涌上心头。我拥有令人羡慕的生活条件，有骄傲和炫耀的资本，以为这样的生活就是真正的幸福。然而此刻，面对熟睡的孩子，我深刻地意识到，健康，这个看似平凡的词语，却掌控着真正幸福的源泉，而物质财富既无法治愈内心的创伤，也无法填补灵魂深处的空洞。泪水悄然滑落，我紧紧握住拳头，指甲深深嵌入掌心，试图用物理的疼痛来掩盖内心的悲痛。

接下来的日子里，失眠成了我的常态。那些漫长的夜晚，在孤独与寂静中，恐惧和无助像黑夜中的幽灵紧紧缠绕着我。我的心仿佛被无数把尖刀切割，每一次心跳都伴随着刺痛。

“为何？为何？为何？”疑惑在耳边回荡，撕扯着我的灵魂。我蜷缩成一团，咬着被单，仿佛被抛入无尽的深渊，四周是冰冷的黑暗，只有绝望与困惑在吞噬着我。

然而，当我走进孩子的房间，轻轻抱起她来到露台，在摇椅上坐下的那一刻，一切都变得不同了。

孩子的小手紧紧抓住我的指尖，呼吸平缓，嘴角挂着甜蜜的笑容，仿佛梦中找到了乐园。“孩子，你的存在就是奇迹，你是我生命中最珍贵的馈赠。”我在心底轻声说道。凝视着她那恬静的脸庞，一股前所未有的温暖涌上心头。

就在那一瞬间，内心深处的力量被唤醒。我领悟到生命的真谛，不仅在于追求完美的健康状态，更在于逆境中展现坚韧的精神，找到前行的方向。

我仰望星空，虔诚地许下诺言：“不论前方的道路多么坎坷，我都会成为孩子最坚实的后盾，陪伴她经历风雨，直至见证属于我们的彩虹。”

05 用爱探索更大的世界

在随后的7年里，我的内心逐渐变得强大，学会了如何在逆境中寻找希望，如何在挑战中寻找力量。我和孩子一起踏上了一段充满希望与挑战的旅程，我们拜访了众多知名的儿童脑科专家。每一次的治疗，每一次的康复训练，都像是在黑暗中寻找微光，都凝聚着我们的汗水和泪水；每一次的挑战，都是对我的考验，也是我成长的机会。我培养了耐心，学会了坚持，学会了在困难面前不放弃。

几年的治疗，孩子的身体终于得以健康成长。

我意识到，作为母亲，我的角色不仅仅是照顾孩子，更是她生命中的引导者和支持者。于是我决定带她领略这美好的世界。从小学到中学，我们的足迹遍布各地：走乡村、踏沙漠、观星空、潜海底，参加各种研学活动。寒暑假期，在中国与澳大利亚之间交替上学，深入感受两地教育体系的独特魅力。孩子小学时参加了在纽约联合国总部举行的全球模拟联合国大会。中学学习西班牙语，利用假期游历了整个西班牙。初二时成功申请参加了斯坦福大学举办的脑科学项目并获得奖项。高中在英国的私立学校，获得了该校的高额奖学金。孩子18岁时参加了联合国经济及社会理事会全球青年论坛，与来自世界各地的优秀年轻人共同探讨未来的发展方向。这些成果不仅见证了她的努力，也让我这个母亲从中汲取了富足的力量。

06 爱的富足与力量

成长的道路从来都不是一帆风顺的，它既承载着未知的迷茫，也孕育着重生的希望。每一次跌倒都是一种磨炼，每一次跨越都是一场升华。上帝或许会关上你的一扇门，但会为你开启一扇窗，那扇窗后，是广阔天地间新的可能。教育，如同涓涓细流，不求轰轰烈烈，却以润物细无声的方式悄然改变着我们的世界。它不仅是书本知识的传递，更是一场对灵魂的浇灌，需要时间的沉淀，耐心的呵护，以及无私的爱。

爱，作为一种超越世俗的情感力量，它能穿越一切物质的界限，连接心灵，滋养生命。它像一颗埋藏在我们心底的种子，在困境中萌芽，在阳光下开花，最终结出丰盈的果实，赋予我们面对风雨的勇气，点亮我们追寻未来的信念。愿爱的力量始终引领我们，在平凡中书写非凡，在波澜中见证辉煌，迈向更广阔、更明亮的未来。

传承中的温度与力量

董老师

董氏贴骨传承人

企业家健康规划师

曾服务 10000 多位企业家、明星等高端客户在这个世界上，每个人都有自己的故事，每段故事都承载着不同的重量与温度。我的故事，是关于传承、勇气、梦想与责任的故事。这是一次从传统技艺到现代企业的跨越之旅，是一个关于如何将一根根古老的线，编织成一张连接过去与未来的网的故事。

01 传承之根：贴骨疗法的传承

我出生在中国一个历史悠久的城市，这里繁华而充满文化气息。我的家乡不仅有着精致的园林，还有着深厚的文化底蕴和众多的历史遗迹。在这个城市的一角，最让我铭记于心的，是我的外婆和她的故事。

外婆是这座城市的传奇人物，她的诊所坐落在一处静谧的庭院中，这里曾是皇家的别院，环境幽雅，处处流露出尊贵与宁静。外婆的形象总是那么端庄而威严，一举一动都透露出不凡的气质和深厚的内涵。她的诊所不仅是一个治疗场所，更是一个汇聚智慧与力量的圣地，吸引了无数商界精英和社会名流。他们中的许多人在商场上叱咤风云，但在外婆的诊所里，他们都是怀着敬意和期待的病人。

外婆的诊所内部装饰典雅，每一处细节都透露出对尊贵客人的尊重和关怀。这里没有喧嚣和嘈杂，只有宁静和舒适，为每一位到来的贵宾提供了一个放松身心的空间。每当我走进诊所，总能看到外婆在精心布置的治疗室里忙碌的身影，她那双给无数人做过调理的手，仿佛拥有神奇的力量，能够洞察病人的苦楚。外婆常说："治病先治心，心安则体安。"她总是用她的爱心和耐心去温暖每一个病人。

外婆的名声不仅仅是因为她的医术高超，更因为她的人格魅力。她总是那么谦逊、和蔼，对待每一个人都如同对待自己的家人。无论是身体上的疼痛，还是心灵上的困扰，大家都愿意向她倾诉和求助。外婆用她的智慧和爱心，帮助了无数人，成为商界精英和社会名流心中的精神支柱。

我记得有一次，一位长期受关节炎困扰的商界女强人，因疼痛而几乎失去了活力。外婆不仅用贴骨疗法缓解了她身体上的痛苦，还用爱心和鼓励温暖了她的心。几个月后，这位女强人不仅能够自理，还能重返商界，她的生活因此而重新焕发了活力。她经常回来看望外婆，每次都带着珍贵的礼物来感谢外婆给了她第二次生命。

外婆的故事深深影响了我，让我在心中埋下了对中医的热爱和对健康的追求。她的无私奉献精神和对生命的尊重，成为我人生道路上的指引。

02 技艺之魂：继承与修炼

在外婆的影响下，我从小就对中医产生了浓厚的兴趣。每当我看到外婆用那双神奇的手为病人治疗时，我的心中总是充满了敬佩与向往。于是，我开始向外婆请教，渴望学习她的技艺。

外婆非常高兴，耐心地教我贴骨疗法的基本知识和技巧。她告诉我，贴骨疗法源自中医“治未病”的理念，《史记》中记载了扁鹊用手法调理未病的故事，而《黄帝内经》则记载了刮骨疗伤的方法，让身体堆积的负能量代谢出去，通过手法调理身体，帮助人们恢复健康。外婆的教导不仅仅是技术上的传授，更是对中医文化的深刻理解。她常常带我一起去给病人看病，让我亲身体验如何用心去感受病人的痛苦与需求。

我记得有一次，外婆让我为一位知名的企业家进行简单的调理。这位企业家因为长期的工作压力而腰部疼痛，行动不便。外婆让我先观察他的表情和动作，然后让我轻轻地用手触摸他的腰部，感受那里的紧张与不适。外婆在旁边指导我，告诉我如何运用手法来缓解他的疼痛。经过一段时间的调理，企业家的表情逐渐放松，疼痛也减轻了。那一刻，我感受到了一种前所未有的成就感，仿佛自己也成了外婆那样的医者。

随着时间的推移，我的技术逐渐提高，外婆对我的期望也越来越高。她告诉我，贴骨疗法不仅仅是一门技艺，无形中还有一种责任。作为传承者，我们要用心去对待每一个病人，帮助他们恢复健康，传递爱的力量。

然而，学习的过程并不是一帆风顺的。贴骨疗法的技术要求极高，外婆对手的要求也很高。练习和操作多了，我们的手和背都会有不同程度的受伤和劳损。有时候手疼得端碗都感觉疼，但看到每位调理过的病人重获健康和快乐，就觉得特别有成就感，再累也值得。

由于这门技术要求高，所以真正能传承这项技术的人并不多，以后会的人还会越来越少。能了解非遗传承贴骨疗法的人或许是一种缘分。

03 梦想之翼：创业的征程

每位企业家都负重前行，需要承载无数的家庭，为了帮助更多的企业家恢复身体健康，提高生活质量。我的先生、贵人与我共同创立了御福健康管理有限公司。

御福健康管理有限公司的成立，是我实现梦想的开始。我们的目标是帮助那些在现代生活中承受巨大压力的高端人士，让他们的身体和心灵都得到舒缓和恢复。我们不仅提供贴骨疗法服务，还致力于推广中医文化，教育公众如何通过传统方法维护健康。

在创业的初期，我面临着许多挑战。城市的竞争激烈，很多人对传统中医的认知有限，甚至有些人对贴骨疗法持怀疑态度。

随着时间的推移，越来越多的人开始关注我们的服务，许多企业家和高管也纷纷前来体验贴骨疗法。在与他们的交流中，我发现，尽管他们拥有亿万身家，但在追求事业的同时，健康却常常被忽视。他们承受着巨大的压力，身体和心灵都长期处于亚健康状态。我希望通过我的努力，帮助他们找到平衡，恢复健康。

在一次次的调理中，我不仅帮助了许多人，也收获了许多感人的故事。每当看到他们脸上的笑容，我的内心都会感到无比欣慰。我的公司不仅仅是一个商业机构，更是一个传递爱与关怀的平台。

04 责任之光：社会使命与创新

作为贴骨疗法的传承者，我深知自己肩负的责任。在这个科技飞速发展的时代，我坚信有温度的调理才是真正入心的。健康是生命的基石，而贴骨疗法作为一项传统技艺，承载着深厚的文化底蕴和实践经验。我们不仅要将这项技术传承下去，更要将其发扬光大，让更多的人受益。

逆境中的光芒：在迷茫中找到希望之钥

何庆海

云阙智能联合创始人、总经理

中国国际公共关系协会“年度最佳经理人”

上海市广告协会理事

华商书院企业家 AIGC 研究院副院长

工信部认证的 AIGC 导师

人生是一本值得细细品味的书，希望我的故事能给你带来启示。

01 无奋斗不青春

2012年6月1日，我像个年少轻狂的孩子，懵懂地迈入了一家上市整合营销公司。在这家公司工作的十多年里，幸运女神好像在不断眷顾无所畏惧、如同拼命三郎的我，生活一直上演着“你有多努力，就有多幸运”的桥段。在年会上，我不断见证着同事在职场中的高光时刻：

2013年，当某位BU总经理畅谈数字营销魅力，当公司的副总裁向我们分享操盘价值1.2亿元的项目案例的时候，我在想，什么时候我也能站在聚光灯下高谈阔论？什么时候我也能操盘？

2014年，当入司10年以上的员工被董事长授予象征着元老的金牌，当集团的优秀员工被嘉奖的时候，我在想，我能不能在这家公司做满10年，成就自己的荣耀？

在随后的几年里，集团开动了高速增长的列车，在列车上，我见证了每一次辉煌，这样的辉煌从公司上市前后的财务报表上可见端倪。

而我也逐步由一个性格刚烈、不修边幅、做事急躁的热血少年，成长为一个与人为善、注重仪态、事事周到的稳重的中年人。成长是令人感到喜悦的，当然也是痛苦的，我要时刻面对三大难题：

第一，日益增加的工作时长与对营销战场变化的适应性；

第二，不同年龄层的职场文化的撕扯与客户施加的压力；

第三，早出晚归、劳碌奔波与家人翘首企盼之间的冲突。

有位同事说得好：不能从根本上治愈，只能实时缓解。我想这应该是每个人的切身感受，但其实真正的改变在于：你把工作当成谋生是一回事；你把工作当成事业，那就是另外一回事了……

任何一家公司的发展都不可能持续高歌猛进，辉煌之后，公司的衰落悄然来临。2018年，在经济下行周期开始之时，公司也进入了增长失速的困境，高光不在、客户流失、业务量缩水等问题笼罩在我们的头上。在董事长的指引下，公司开始实施ABC战略（用AI+Blockchain构建全新的Community沟通传播生态），逐步进入“营销科技驱动”的赛道。

02 我们该如何面对今天的现实

在这个赛道上，很多人都感到不适应。“看似有着光明的未来，我却不知该如何熬过现在”成为绝大部分人发出的感慨。营销武器虽然强大，但它仍在研制过程中，公关人的文科思维与技术认知之间的鸿沟该如何逾越？原有业务仍要求利润增长，而技术投入的成本压力却摆在眼前。

“抓住数据运营与用户，掌握核心驱动力，我们就能抵御寒冬，度过逆周期。”这是我的分管领导跟我提及最多的一句话，也是这句话不断地擦拭着我的双眼。

找路往往让人焦虑丛生，行走才能使人气定神闲。

想赶上时代的潮流，于是看看这个，学学那个。时间和精力就这样从指缝中溜走，唯独没想过如何把手头的工作做好。

想打破阶层的魔咒，于是踏破铁鞋，冥思苦想。焦灼和苦闷在心中蔓延，竟然忘记了那些最基本的法则。

想得太多，做得太少，是这代人的通病。治愈的药方就是“执行力”。

拥有执行力，还害怕什么世界黑暗？我们自带光源。

拥有执行力，还担心什么大浪淘沙？我们就是大浪。

美国电子数据系统公司（EDS）创始人罗斯·佩罗在一次分享交流会上说道：“我们成功的秘诀，就是预备、发射、瞄准。”

旁人惊讶地问道：“难道你们不先瞄准？”

罗斯·佩罗回道：“哪有时间先瞄准？我们都是一边打一边瞄准……”

所以我学会了“一边打一边瞄准”：一边围绕客户的原有需求持续深耕，一边用营销科技逐步让客户敞开怀抱；一边带着团队打磨产品，一边瞄准我们的团队，用执行力留住“他们”。不焦虑，不彷徨，在笃定中激昂前行，我们有信心度过这个逆周期。

03 认真做好一件事比什么都重要

“我看到了一个非常光明的未来，我也知道该如何熬过现在。”2019—2022年开启了我的逆势上扬之路。从2020年开始，销售业绩不断爬坡，在销售额破亿的同时，自己带领的团队保持着集团业绩第一的成绩，自己也进入集团的高管行列。

在此期间，凭借敏锐的嗅觉和持续学习的意识，我意识到AI将会对营销产业进行颠覆式的革新。攀越过顶峰的人，总想着再去攀越另一座山峰，所以我又开启了AI创业的新阶段。

04 洗尽铅华：渡劫式跨过AI创业路上的三重山

很多人都说：创业是九死一生，失败者占99%以上，成功的创业者不足1%。但即便如此，依然有诸多的挑战者加入这个赛道，而我也从2023年起正式成为其中的一员——成为上海云阙智能科技有限公司的联合创始人。初入赛道，一切都是充满风险且步履维艰的，哪怕有做操盘手的经验，哪怕有敢啃硬骨头的坚毅性格，在真正经历过企业从0到1，在生死线两侧反复游走之后，才发现以前遇到的种种挫折都是小风浪，以前的辉煌与技艺都是小儿科。

第一重山：创意思维与人工智能的团队融合面临“鸡同鸭讲”的

困境。

“AI+营销”是人工智能与创意思维的融合产物，而对于常年在创意思维上下功夫的人来说，如何引领技术工程师团队消化营销范式，并形成AI算法及模型架构等是一个很大的内部管理问题。这一年，我带着团队研究了近100款同行竞品产品，组织大家以线上&线下的形式参加了几十场大大小小的AI应用行业分享大会，最终实现了组织内部文科生与技术工程师的有机融合。

第二重山：传统销售技巧与新技术认知的落差形成“拿着旧地图，找不到新大陆”的局面。

过往的营销服务经验都是来自世界500强、中国500强的头部型客户，客户的业务需求、进度需求、结果要求都异常明确，且愿意为此高额付费。而AI的发展就像早年的智能驾驶一样，处于不断进阶的过程，客户的认知需要刷新，客户的高期待与AI的商业能力及边界需要平衡，付费与结果呈现需要创建定义。如果采用以前的服务及项目推进模式，往往会遭遇业务谈判的滑铁卢，导致项目进度严重滞后，最终致使客户感到不满意甚至失望。管理层通过不断探讨与反思，清晰地认识到：用“旧地图”（以前的范式）是找不到“新大陆”（AI新业务）的。只有锁定AI效率化、成本化这两大显著优势，结合聚焦的垂直场景、高频需求场景来推进，才能成功破冰。

第三重山：AI的飞速迭代崛起VS职场人士与日俱增的失业恐惧感。

从2023年至今，人工智能技术的功能变得异常强大，在应用层面、在各个行业产生了诸多革新突破，随之而来的，是习惯了原有工作模式和运行架构的各行业的从业者产生了恐慌感以及无措感，因为懒惰是人的天性，追求不断学习进步必然是反人性的。企业顶层管理者从降低成本、提升效率、组织架构升级、业务创新的角度对AI都抱有极大的热情与期待，而最大的问题在于个人、团队对推进AI落地的反应与AI推进的力度。为了解决这一难题，我们摸索出了“企业AI战略+技能培训+落地陪跑”的综合化服务，并构建了全方位的培训服务团队、入门&进阶课程体系、行业AI应用案例拆解，以及交付配套运营结果的运营团队。

经过两年的锻造，云阙智能已成为一家拥有核心AIGC技术、合规算法模型、营销应用Agent、教培体系及完整运营交付团队的公司，也成功迈过了创业第一阶段的生死线。回望这段历程，我更加深刻地体会到：战略上的思考与选择比战术上的勤奋更重要，执行效率与行动力是成功的关键因素。我的创业之路还将继续走下去，如果你也在这条路上努力奋斗，希望我的故事能对你有所启发。

我的十年 plus：爱拼才会赢的惠安女孩

周芸莛

- 主任税务师、高级会计师、高级经济师
- 中税协高端人才、检察院合规监督员、泉州高层次人才
- 本科毕业于西南财经大学，就读厦门大学 EMBA
- 执业 20 年，深耕财税领域
- 扬帆财税集团创始人兼首席咨询师

在惠安这片充满生机与活力的土地上，我，一个普通的农村女孩，开启了一段充满拼搏与奋斗的人生旅程。

01 启蒙：从卖碗糕失误到立志求学

我出生于一个朴实的农村家庭，家庭的氛围就像惠安那片土地一样，质朴而淳厚。7岁那年，发生了一件至今仍让我记忆犹新的事情。那天，奶奶给了我5块钱。在当时，对于我来说，5块钱是一笔财富。我跟着一群姐妹满心欢喜地去学着卖碗糕。

我们一路叫卖，最后来到了外婆家附近。那时候的我，懵懂天真，对数字的概念还很模糊。伯公看到我们在卖碗糕，便过来想买两个。当时一个碗糕是1毛5分钱，可我根本不知道两个碗糕加起来该收多少钱。我就那样天真地告诉伯公，让他给我两个1毛5就好了。这个小小的失误，成了大家的笑谈，一直被笑话到了外婆家。

由于我不会算账，这次卖碗糕的经历可谓是一败涂地——不但没有赚到钱，甚至连成本都没有收回来。最糟糕的是，装碗糕的篮子还被抵押了5块钱，我也没能拿回来。最后只能让奶奶另外掏钱去赎回篮子。我当时特别沮丧，哭着回了家。

这件事就像一颗种子，深深地埋在了我的心里。我暗暗下定决心：一定要上学，一定要学好知识，将来才能好好地做生意。可是，当时我还没有达到上学的年龄，学校不肯接收我。我心里特别渴望上学，就一直哭着想要去学校。也许是校长看到了我眼中那强烈的求知欲，他决定让我上学试一试。这个机会对我来说就像是黑暗中的一束光，我倍感珍惜，坚定了要努力学习的信念。

从那以后，我在学习上就像一个不知疲倦的小战士。在小学阶段，我的学习成绩一直名列前茅。这种优秀的表现一直延续到了初中时期。我努力学习每一门课程，对知识充满了渴望。后来，我考上了高中。然而，因为我生活在乡下，父母的观念比较传统，他们希望我能够早点开始工作，为家庭减轻负担。于是，他们给我报了中专。

02 学业与职业的飞跃：从中专生到财税领域专家的蜕变

父亲给我报了会计学专业。进入中专后，我对学习的热情丝毫没有减退。在中专的三年学习时光里，我一直保持着优异的成绩，多次拿到一等奖学金。我不仅在学习上表现出色，还积极参与学校的各种活动。我是学校的优秀毕业生，还是优秀班干部。

中专的学习生活对我来说比较轻松，我有了更多提升自己的机会。在中专二年级的时候，我开始一边学习中专课程，一边进修大专课程。我利用课余时间努力学习，不断充实自己。功夫不负有心人，毕业一年后，我就顺利拿到了大专学位。我并没有满足于此，紧接着我又向着更高的目标前进，考上了西南财大的会计学本科。我的老师说，我是学校里最早拿到本科学历的学生。

毕业之后，我踏入社会，毫不犹豫地选择在财税领域扎根。这个领域充满了挑战，但我却充满了斗志。从最初的考取会计证书开始，我一步一个脚印地向着更高的目标迈进。我先后通过了初级、中级和高级会计师资格考试，还考取了注册税务师执业资格证书、高级经济师资格证书等行业内备受认可的证书。这些证书不仅是我能力的证明，更是我在财税领域不断前行的基石。

随着我的不断努力，我在这个行业里逐渐崭露头角。我荣获了泉州高层次人才、中税协高端人才等荣誉称号，还担任了财务总监协会的秘书长、泉州侨青联副会长等职务。为了能够更好地在这个行业里发展，我还积极深造学习了很多管理方面的课程。像余歌的演说总裁密训班，大脑银行的商业思维、系统思维、财务思维、思维导图以及厦门大学EMBA等课程，我都认真学习过。在日常生活中，我养成了阅读的好习惯，平均每周都会读一本书。我始终认为，履历比学历更重要，我们应该成为终身学习者，特别是在财税这个瞬息万变的行业里。这也是我在用人方面的一个重要标准。

我的职业生涯是从企业的小会计开始的。在企业里，我就像一颗默默努力的螺丝钉，认真对待每一项工作任务。我不断学习和积累经验，从最基础的会计工作做起，逐渐熟悉了企业财务管理的各个环节。随着我的能力不断提升，我一步步晋升，最终成了一名财务总监。

03 创业与成长：成为助力中小微企业的女企业家

后来，我转到一家当地非常知名的公司。刚到公司不久，我就面临一个挑战。公司存在多交税款的情况，而我凭借自己在财税领域的专业知识，在短短几周内就成功地帮助公司与税务局进行沟通，追回了近100万元的多交税款。这件事情让老板对我刮目相看，也让我在公司里站稳了脚跟。

在泉州地区，大多数企业都是民营企业，其中超过95%都存在着不规范的问题。我深知中小微企业在财务管理方面的困境，也意识到他们更需要专业的帮助。于是，我经过深思熟虑，最终决定离开这家公司，开始自己的创业之路。

创业初期是非常艰难的。凭借着之前在事务所积累的一些客户资源，开始的时候我自己一个人单枪匹马地打拼。我对待每一个客户都非常用心，秉持着良好的服务态度。慢慢地，我的客户群体开始增多，我也开始雇佣员工，逐渐扩大团队规模。我的存量客户对我非常信任，他们不断给我推荐新的客户，这让我的业务逐渐走上了正轨。

但是，创业的道路并不是一帆风顺的。在开发客户的同时，我还要照顾家庭，特别是我的孩子。那时候，我经常要带着年幼的孩子去税务大厅或者企业办公。有时候孩子生病，我也没有太多的时间去好好照顾他。这些困难的时刻真的让我感到特别辛苦，有时候甚至想哭。但是，我知道我不能放弃，为了自己的梦想，为了助力更多的中小微企业，我要坚持下去。

在这个过程中，有一个客户让我特别感激。那是一家上市公司的全资子公司，也是我们的第一个大客户。我为他们做了合规方面的工作，他们对我的工作非常满意，支付给我50多万元的咨询费用。客户的认可对我来说意义非凡，让我对未来的咨询和高端业务充满了信心。

刚开始的时候，我们公司的业务结构比较单一，高端业务只占很小的比例，大约只有10%，而基础业务占据90%。随着团队的专业能力和口碑的不断提升，我们的高端业务逐渐增多。现在，我们的高端业务已经占到60%，超过了基础业务。

我们的团队也在不断发展壮大，现在我们拥有专业的税务师，还成立了一家具备代理记账和税务师事务所职业许可证的公司。因此我们能够为客户提供更多样化的服务，如每年的所得税汇算和土地增值税清算等。我们甚至凭借自己的专业能力，帮助很多同行处理了他们无法完成的业务，包括财务尽调、并购重组、并购顾问、可行性研究报告以及一些复杂的税务顾问等。

2016年底，我们公司迎来了一个新的机遇：我们被一家上市公司并购。刚开始的时候，我特别兴奋，觉得这是一个能够让公司发展得更好的机会。于是，我开始在全国各地奔波，布局各种资源。我们努力地为上市公司工作，帮助他们在两三年内取得了一定的业绩。然而，最终我们并没有得到相应的回报。在这种情况下，我们经过慎重考虑，决定退出。

虽然这次并购经历让我们亏了一些钱，但是也让我们的团队得到了成长。我们从中学到了很多宝贵的经验，现在我们能够从事并购顾问的业务，并且凭借自己的经验和专业知识，帮助许多公司解决了并购过程中出现的问题。我们拯救了许多本来可能会在并购过程中遇到困难的公司，甚至还为很多国企参与混改提供了帮助。

在工作上，我是一个非常努力的人，大家都说我是一个工作狂。我每天的工作时间经常超过12个小时。在家庭中，我的先生在孩子的教育上付出得更多。我常常跟我的伙伴们分享，在家里要学会示弱，要懂得赞美家人。我觉得婆媳关系也很重要，我会经常给孩子讲述爷爷奶奶的好，传递正能量给孩子。在我的努力下，我和家人的关系非常和谐，两个孩子也得到了很好的教育。

我是一个性格比较开朗的人，但是在公共场合演讲的时候很容易紧张。为了克服这个问题，2018年，我跟随余歌老师学习。在老师的指导下，我的表达能力得到了很大的提升。我不仅在演讲方面取得了进步，还担任了余歌老师的财务顾问，后来更成为他的梦想合伙人。我非常感恩能够有这样的机会，这也让我在个人成长的道路上又迈进了一大步。

在余歌老师的课堂上，我进一步明确了公司的使命：解决中小微企业的财务、税务、法律和金融问题，成为一家有责任心、值得信赖、有差异化特色的小而美的公司。我们要以专业的服务和真诚的态度，为中小微企业的发展保驾护航。

回顾我这十几年的经历，从一个懵懂的惠安女孩，到在财税领域闯出一片天地的创业者，我经历了无数的挫折与困难，但也收获了满满的成长与成就。我始终相信，只要爱拼，就一定会赢。未来的路还很长，我会继续带着这份信念和热情不断前行，为实现自己的梦想和帮助更多的中小微企业而努力奋斗。

这就是我，一个惠安女孩的爱拼才会赢的故事。我希望我的故事能够激励更多的人，特别是那些和我一样有梦想的人，无论遇到多少困难，都不要放弃，要勇往直前，去追寻自己的梦想。

短视频 IP 财富力 »»»
——表达艺术与审美哲学的双重修炼

相飞－北京 IP 操盘

- 6 年 IP 商业操盘手、IP 教练
- 累计流量过 6 亿
- 原光曌集团副总裁
- 顶级珠宝玉石摄影师

我是王相飞，一名拥有6年从业经验的短视频IP创业教练与商业操盘手。12年的出版行业背景让我深谙内容创作之道，而作为顶级珠宝玉石摄影师，我积累了独特的艺术修养与视觉表达能力。曾任光瑿集团副总裁，如今，我专注于短视频IP的商业化运作，致力于帮助更多IP实现品牌成长与高效变现。我主导的项目在全网获得的精准流量突破6亿，帮助多个IP累计吸引1200万粉丝，变现3500万元。2025年，流量红利消失，而审美红利才刚刚开始。未来3年，如何做出一个高变现、高质感的IP？以下是我的个人观点。

01 未来三年短视频IP财富力：四大核心能力

在这个流光溢彩又信息铺天盖地的短视频时代，财富力不再只是流量的简单累积，而是关于认知、表达与人性洞察的深刻探讨。未来三年，是短视频IP进化与腾飞的关键时期，每位创作者都面临从“玩票”到“不成功就成仁”的抉择。

而要真正掌控短视频IP财富力，在我看来，必须具备好业务、好表达、好审美、好初心这四大核心能力，并不断精进自己的认知和语料，向更高层次迈进。

核心能力一：好业务，直击人性与市场逻辑

好业务，是短视频IP的根基，而这个根基必须扎得稳、扎得深。真正能长久盈利的业务并非高深莫测，而是能够深入洞悉人性、直达市场核心。简单的生意往往最赚钱，而真正的商业高手，懂得从复杂中寻找简单，以稳妥的执行实现财富积累。

衡量一个业务是否值得投入，需要几个明确的标准，既要直指人性需求，又能顺应行业趋势，确保长期可持续性。判断是不是好业务的标准如下。

易于获取的公域流量：成功的业务必须具备高效且成本低的流量获取方式，能够迅速吸引用户并降低前期投入风险。流量是短视频IP的“生命线”，抓住人性痛点、吸引用户关注的内容或产品，才会更有市场。

高利润与用户忠诚：一个有生命力的业务模式，必须具备高利润空间和强复购率。产品设计要多样化（高SKU），以满足不同用户需求，并通过出色的用户体验培养品牌忠诚度。这样，用户不仅是一次性消费者，而是与你形成长期互动关系。

深度陪伴与私域经营：在信息过载的时代，仅靠一次流量爆发远远不够。成功的IP懂得将用户拉入私域，通过持续的内容输出和情感连接，形成稳定的用户群体。用户要成为你的“伙伴”，愿意在你的生态系统中不断获得价值。

AI的应用与避险：面对AI技术的迅猛发展，我们必须将其作为考

量好业务的重要因素。优秀的业务应该善用AI来增效。例如，利用智能化数据分析优化内容分发，或通过AI工具提升创作效率。然而，同样要警惕AI可能带来的行业颠覆。某些领域可能会因自动化迅速被取代，导致业务无法长久。我们要专注于那些AI难以完全复制的业务，如充满创意、人性化和情感共鸣的领域，确保业务未来依然有竞争力。

核心能力二：好表达，认知与语料的新旧交锋

很多人无法打造成功IP的原因，是他们不会表达。表达的艺术，我把它分为四个层级，并结合逻辑与观点，以及认知与语料两个象限来解析。

第一象限：逻辑与观点

无观点、无逻辑（0—30分）：这些人的表达内容空洞，无法清晰传达思想，难以引起观众共鸣。

有逻辑、无观点（30—60分）：他们能把事情讲明白，但缺少鲜明的见解，难以真正打动人心。

有观点、无好逻辑（60—70分）：专家型人物，拥有独到的视角，但表达晦涩难懂，缺少与大众的共情能力。

有观点、有好逻辑（70—80分）：具备清晰逻辑和独特观点，但认知不高、语料陈旧，容易显得老套，少有新意。

第二象限：认知与语料

认知高、语料旧（80—90分）：思想深刻但表达方式陈旧，听起

来毫无新意，尽管内容过硬，但吸引力不足。

认知低、语料新（90—100分）：幽默风趣，能把旧话题讲得妙趣横生，成为人们喜爱的“段子手”。

认知高、语料新（100—120分）：超级IP之境，具备深刻的认知和新鲜的表达，既有深度，又极富感染力。

在短视频语境中，好表达是一种利他行为，不仅仅是自我展现，更是让观众获得知识、快乐和启发。你的目标是让表达如水般流畅，又如火般炽烈。

核心能力三：好审美，信息洪流中的独特风景

短视频的世界正悄然进入“审美红利”时代。流量红利已然消退，如今的观众更挑剔，他们渴望视觉与情感的双重享受。好审美让你的内容更具冲击力，不只是简单的画面美化，而是让用户瞬间被吸引的设计哲学。

想象那些构图精美、剪辑流畅的短视频，犹如信息洪流中的一缕清风，为疲惫的心灵带来片刻安宁。这种审美力量为内容注入灵魂，提供超越理性、直击感官的观看体验。

同时，审美也能成为品牌的核心竞争力。坚持高水准的视觉表达可以打造独特的个人品牌，成为观众记住你的理由。平台和用户都更青睐高质量、有美感的视频作品，这种视频能够提升整体用户体验与内容生态的质量。

核心能力四：好初心，关于IP创作的长远影响

在这个科技飞速发展的时代，人工智能正在逐步从科幻小说中走入现实，成为我们生活中不可忽视的一部分。它带来了前所未有的机遇，但同时也引发了深刻的思考。AI未来的好与坏，很大程度上取决于我们今天赋予它的“人性养料”，而短视频创作者，正扮演着培养者的角色。

短视频的社会责任：初心与价值观的传承

短视频创作确实不仅仅是为了追逐流量和商业变现，更是一种价值观的传递。或许我们可以共同思考：创作者们如何在实现个人与商业成功的同时，兼顾社会责任。那些偏离初心、只为博取流量的创作，最终往往会导致信任危机，甚至让品牌陷入困境。这些“暴雷”案例提醒我们，真正有价值的IP不仅注重眼前利益，更关注长远的正面影响。持续传递有意义的内容，可能会在无形中为社会，甚至为IP的未来奠定更扎实的基础。

AI伦理与未来：我们的选择塑造未来

AI技术正在迅猛发展，未来可能会掌握更高级的社会功能，甚至参与到我们生活的方方面面。我曾与合作IP@剑桥萌叔深入探讨，如果短视频内容充满对抗性，AI或许会延续这种逻辑，推动更多的分裂。但如果我们坚持传递善良、包容和理解，或许未来会因此更加平和。这并不是一个简单的因果关系，但每一个短视频创作者都站在这个关键的节点上。我们的每一次创作决策都可能在未来产生更大的影响。

可以说，我们今天所选择传递的价值观，不仅影响当前的社交环境，还为未来AI与人类共生世界埋下了种子。这或许是值得我们深思和认真对待的。

情怀与使命：人类精神的守护者

短视频创作，不仅仅是一个内容生产的过程，更像是一种对人类精神与文化的记录与传承。从古代石刻到现代短视频，虽然记录的形式不断演变，但传承的使命始终未变。我们要承认，短视频已经成为这个时代的记录工具。

因此，我们的内容不只是短期的流量现象，而可能会成为长久影响未来的文化遗产。这听起来有些令人敬畏，但正因为如此，我们的创作才具有更深的意义。也许，我们都可以多些初心与使命感，为这个世界传递更多温暖与智慧。用短视频为未来留下善意和思考，或许正是我们能为后人做出的有价值贡献。

02 把握时代，愿每一个朋友都成为超级IP

我们正处于一个特殊时刻，短视频是我们与世界沟通的桥梁，传递的故事和情感将被历史铭记。精进业务逻辑、提升表达艺术、追求审美卓越、坚持人性之善，不仅是赚钱之道，更是与时代对话的方式。

超越个体追求，迎接更广阔未来，这才是短视频IP财富力的真正意义。

以美为商，泛谈皮囊与风骨之匿龄美学

黄利霞

30 年整体自然抗衰美肤专家

永锡生物科技（杭州）有限公司创始人

RoseLinder 护肤品牌创始人

美若磁石，一旦形成，便会被持久吸引。

而美的养成，是极其刁钻的过程，要靠日复一日的好东西滋养，才能附着在灵魂之上，养成个人的格调与气度风骨。

高级审美的标准养成很贵，也很值钱。越高级的美，越自然和谐。

美容，不应仅仅只是修饰皮囊，更应通过修饰皮囊，让人看到灼灼向上、热爱生活的生命力。有更高标准者，会通过美容这种生活方式，传承家族的文化、生活方式与生活态度，提升对于赚钱和消费的认知。

01 以美为商

2000年，一次偶然的机会，我接触到了厦门东方美美容连锁机构，东方美品牌创始人是邵珊珍老师。当年，听邵老师讲她看到很多爱美的女性因为在美容院里被毁了容貌，影响了自身正常的工作、社交，严重者甚至产生了心理问题，邵老师就起心动念要在退休后开办科学、专业的美容会所，以避免这样灾难般的事情发生，同时提升美容行业的安全性、规范性，改变美容从业者的行业地位。

2000年，厦门东方美已经成为全国专业连锁美容会所中的标杆企业，并以先进规范的店务管理模板，向全国推广。

因为听了邵老师分享开办美容会所的初心，2000年，我也决定跟随邵老师一起推广安全、科学、专业的美容业，希望美容业可以成为一个风清气正的行业。

现在有很多人做美容，但是很少有人给自己建立一套审美标准，也就是“美商”。

这也是很多人做美容，结果整来整去，不仅没有将自己变美，反而搞得越来越丑的原因。也是我选择美业作为自己的终身事业的主要原因。

很多选择美容护肤的人没有自己的见解与主张，只会随大流，别人做个鼻子、割个双眼皮，她也做一个，不看自己的脸型是否合适，做完之后，那种有独特个性的灵气美没有了，此生无法修复还原。本来不丑的一个人，修修补补，越搞越丑，走上了一条无法变美的不归路，成为终身遗憾。

想将自己的容貌调整得更适合自己，需要提高自己的美商，提高懂得美、鉴赏美的眼光和标准。否则，自己只会沦为一株不断被人收割的“韭菜”。懂得并提高自己的审美标准，懂得黄金分割比例，就懂得了如何让自己科学地变美，不留遗憾。另外，整形美容的操作者的审美是否高级？是否能够精准操作，以确保设计方案的完美呈现？正所谓，多一分则多，少一分则少。毫厘之差，美就荡然无存了。

我们定期给我们的VIP客人举办各种提升审美能力的沙龙，客人可以从音乐里、绘画里，从博物馆、美术馆等处学习美、鉴赏美。同时，我们还组织举办了很多生活美学雅集，如焚香、品茗、插花、挂画、紫砂鉴赏、沉香品鉴、瓷器鉴赏、美学绘画、酒庄游学、尺八禅修、读书会等，这些看似无用的项目，可以帮助客人把时间浪费在美好的事物上，提升自己的美商，让客人在正确的指导下，真正安安心心地美到老。

我认为，一个女子的美，不应仅仅只停留在皮囊美上，更应关注自己内在的成长，形成自己独有的风骨，这样无论年纪多大，都是最美的。

好看的皮囊加上有趣的灵魂，才是女人真正的美！

02 浅谈“祛魅”

“祛魅”是现如今常常听到的词。“祛魅”一词源于马克斯·韦伯的“世界的祛魅”，意在去除事物本身的神秘性，消除其魅惑力和光环效应，理性对待。“魅”其实是人为加上的滤镜。有人“祛魅”，就有人“产魅”。

而我们就是要不断地拨开云雾，让消费者看清底层逻辑，不断地“祛魅”。

现在，很多人都喜欢快餐式的美容，殊不知来得快的东西去得必然也快。

无经验者往往只能随大流。事实上，简易有效的匿龄抗老方法背后都有一套科学、严谨、复杂的研发系统做支撑。

03 不易、变易与简易

《易经》中有云，世间事大多为“不易、变易与简易”。

从2003年开始，我在全国各地巡讲专业护肤知识，传播科学正确的护理肌肤的理念，倡导少用甚至不用一些可用可不用的护理产品。比如，如果是干性皮肤，平时既不化妆又不用遮瑕防晒品，那么就不要用洗面奶。比如，正常家居或在办公室上班，建议不要使用防晒霜。再比如，要想皮肤好，一定要关注38摄氏度以上高温对皮肤的影响，因为温度超过38摄氏度，蛋白质就会变性固化，皮肤会加速老化。好的皮肤一定是养出来的，只有内调加外养才能养出好的皮肤。我们呼吁爱美的女性一定要遵循自然法则，运用科学的方法，来达到匿龄抗老的目的。

运用生物科技生产合成的蛋白质类护肤产品——一种可以帮助皮肤细胞实现跨膜转运的蛋白，再加上接近中性的离子水，长期坚持使用，同时调节心情、均衡饮食、保持运动、改善睡眠质量，一般3—9个月，皮肤可以恢复到三年前的状态，这种方法获得了无数爱美女性的认可，帮助很多女性缓解了容貌焦虑。

匿龄抗老，其实并不是什么困难的事情。这二十多年来，我们一直坚持传播正确的护肤理念和专业的护肤知识，创造了很多美人不迟暮的奇迹。

一个美好的女子，应该有格调、有态度、有见解，不人云亦云，不盲目跟风，不盲从消费，极度自律，保持好的心情、身材、皮肤，坚持健康的四季养生，选择合理的营养补给，在刹那芳华中，安之若素，美好雅致。

期待能与更多热爱生活、天真无邪、灵魂有趣的女性共勉，一起健康、优雅、知性地慢慢变老！真正的美是多元而丰富的。对美好的追求，与我们倡导并传播的美容理念不谋而合，即美不仅是外表，更是一种生活态度和美学情趣。

以人品塑造产品
——我的创业之路

王瑜

非遗传播大使

南有佳燕燕窝品牌创始人

爱之甘醇艺术白酒品牌创始人

我是一名创业者。我既是“爱之甘醇”品牌的创始人，也是“南有佳燕”品牌的掌舵人。我的名字在业界已小有名气，我的创业故事依然充满了激情。

从最初的一个想法开始，我便开始了漫长的创业之路。对于我来说，每一次的失败都是前进的动力，每一次的挫折都是成长的助力。我始终坚信，只有对品质严格追求和对细节严加把控，才能赢得市场的认可和消费者的喜爱。于是，我带着团队开始不断尝试、不断创新，从无到有、从有到优。

01 艺术追求：从山东乡村到部队院校

我的家乡山东诸城有着浓厚的文化底蕴，激发了我对艺术的向往和追求。我从小就表现出对艺术的热爱，无论是乡间的小戏台演出还是村里的传统节日活动，都能看到我的身影。在家长的支持下，我不断地努力着，将每一份对艺术的热爱转化为自己的动力。

高中毕业后，我以优异成绩考取了中国人民解放军艺术学院，这成了我人生的转折点和实现梦想的新起点。

在解放军艺术学院的学习生涯中，我展现出了出色的艺术才华和坚韧的意志，我不仅在专业课程上取得了优异的成绩，还积极参与各种实践活动。我的努力得到了老师和同学们的认可，也积累了宝贵的实践经验。

毕业后，我投身于艺术工作，开始了自己的职业生涯。参与了多个艺术项目的设计和制作，多次参加央视的演出活动，在艺术创作上取得了显著的成就，还为单位获得了多项荣誉。艺术工作实践不仅提高了我的艺术水平，还提高了我的艺术修养，这让我更加坚定了自己的艺术追求。

02 爱之甘醇：酒香中的艺术与传承

我的创业故事，始于对白酒的深深热爱。那是一种源自内心的对酒文化传承的执着追求。我选择了白酒这个领域，因为我知道，只有把产品做到极致，方能成为艺术品。这就是我创业的初衷，也是我对酒文化的理解和追求。

我毅然决定走自己的路，与中国调浓香型酒的泰斗吴晓萍大师进行合作，开启了一段关于酒文化的传承之旅。吴晓萍，一位在酿酒界享有盛誉的大师，她的名字背后是数不尽的酿酒智慧和无数次实验的成果。而我则是一个有激情、有想法的创业者，我们之间的合作仿佛是两个同样炙热的灵魂的碰撞。

于是，“爱之甘醇”这个新的白酒品牌在2016年诞生了。它不仅仅是一个酒的标识，更是一个酿造理念、一个传承文化的载体。“爱之甘醇”酒是我们对人生经历和艺术理解的投射，其中蕴含着一段有关热爱和坚韧的故事。

“只有把产品做到极致，方能成为艺术品。”这是中国酒业公认的一句话。的确，酿造一款优质的白酒绝非易事。它需要耐心、技艺和时间的积累。“爱之甘醇”酒从选材到酿造，从窖藏到勾调，每一步都严格遵循传统工艺，力求将每一滴酒都打造成艺术品。

在“爱之甘醇”酒的生产过程中，我和吴老师深入交流、互相学习、共同进步。大师的丰富经验和我们的独特视角让“爱之甘醇”酒不断迭代、精益求精。我们把“爱之甘醇”的每一款酒都当作一件艺术品来创作，以期望带给人们更独特的味觉享受。

如今，“爱之甘醇”酒在市场上取得了显著的成绩，销售额与市场占有率节节攀升，在短短三年内增长了200%，成为业内公认的艺术佳作。酒不仅获得了市场的认可，还让消费者被其中的文化底蕴所触动。人们以能够品味“爱之甘醇”美酒而倍感自豪，并将其视为一种人生品质和生活品质的象征。

我们用“爱之甘醇”酒传递着对生活的热爱和对艺术的追求。而这一切，皆源于那最初炽热的梦想。在岁月长河中坚守初心，精心酿造。酒中蕴含梦想的力量，无数酒友为之沉醉。它就像一颗璀璨明星，因梦闪耀，成为经典，让更多的人品味到品牌好酒的独特魅力，感受到中国酒文化的博大精深。

03 南有佳燕——传递着生命健康与人间大爱

时光回溯至2014年，那时的我，正处在人生的一个重要阶段。我正在经历着怀孕期间的种种挑战。那段时间，我的身体和心灵都经历了巨大的变化，吃燕窝便是我每日坚持的养生之道。燕窝，作为一种营养品，对于脑力和体力的消耗有着很好的补充作用。

中医的理念是，食补优于药补。良好的饮食习惯和营养补充是身体健康的基石。从那时起，我便坚持每日食用燕窝，十几年来的坚持让我受益匪浅。新冠疫情期间，我能健康度过，燕窝的滋阴润肺、养精益气功效充分彰显，使我更加深刻地认识到燕窝的非凡之处。我深感自己的人生经历和健康理念可以与更多人分享。于是，我决定自创燕窝品牌——南有佳燕。

我深知，一个好的产品离不开好的原材料，而好的原材料则需要有可靠的渠道来保证其质量。幸运的是，我的好朋友们为此提供了强有力的支持和帮助。从源头把控燕窝的原材料质量，确保每一片燕窝都来自最优质的产地，每一片燕窝都经过严格的检验和筛选。这样的质量控制，让我们的产品在激烈的市场竞争中脱颖而出，赢得了消费者的信赖和喜爱。

在创业的征程中，我的内心如同一幅波澜壮阔的画卷。最初，怀揣着对未来的憧憬与期待，满心都是炽热的激情。然而，现实的风雨无情地拍打过来，焦虑与迷茫曾如影随形。可我从未放弃，首先，要保持初心的火热，无论遇到多少困难，热爱不能灭；再者，勇敢尝试，不怕失败，每一次跌倒都是成长的积累。只要心怀对生活的热爱，对艺术执着追求，勇往直前，就能在创业的道路上闯出属于自己的一片天地。就像“爱之甘醇”酒，越品越有味。

如今，“南有佳燕”已经成为一个知名的品牌，我们的产品已经走进了千家万户，我感到无比自豪和满足。我知道，健康是人生最宝贵的财富，我将继续坚守自己的理念，用心做好每一个产品，为更多的消费者带来健康和快乐。

04 产品与人品：创业道路上的文化密码

在创业的星辰大海中，有一个深刻的理念：产品如人品。

就像乔布斯对苹果产品的极致追求，彰显了他的独特品质与执着精神。我们身边也不乏这样的例子，一位创业者坚守诚信原则，其产品也因这份真诚备受青睐。

产品的每一个细节，都反映着创业者的态度和价值观。用心打造的产品，如同一个人的优秀品格，让人信赖、欣赏。那些注重品质与文化内涵的产品，往往能在市场中脱颖而出。真正的成功创业者，都深知要以人品塑造产品。这便是创业路上永恒不变的文化密码。

回首过去的日子，我感到无比的庆幸和自豪。虽然创业过程中遇到了很多困难和挑战，但正是这些困难和挑战让我们更加坚强和勇敢。我相信，只要我们始终坚持自己的梦想和信念并为之努力拼搏，就一定能够取得成功！

心的力量 »»»

天露博士

- 中国政法大学国际经济法硕士
- 北京师范大学应用心理学博士
- 天露博士品牌创始人

01 对抗病魔，磨砺心力

我出生在一个传统文化底蕴深厚的小城市。小学时常被评选为三好学生，初中时因频繁得病（从严重贫血到重度抑郁）而感到十分痛苦，我15岁那年差点撑不下去了。

山重水复疑无路，柳暗花明又一村。15岁那年的那个夜晚，心里的千千结早已化成云烟消散，不然我也就不会在此时此刻写下本文，与大家相见了，哈哈！

初中三年与病魔的对抗，让我心力交瘁，我暗暗对自己说：我一定要靠自己的力量重启自己的生活。

高中三年虽课业沉重，家庭内部还常常伴有来自父母的暴风骤雨，但我却在偶然中发掘出一个关于“笑”解千愁的好方法。在不断实践中，我拿到了一把可以让自己开心的金钥匙——那就是笑，而这也成为我往后生命中一道有效的护身符。我的笑，表现形式各异。有时笑声如雷鸣，于空旷无人处大笑，声音能骤然响彻云霄；于人群中，我则是抿而不语，笑眼迷离，让人如沐春风；于生活中，那才是所到之处皆欢声笑语，未见其人，先闻其声……

如果你是我的朋友或者家人，一定会不自觉被我感染，加入我笑声的行列中而瞬间忘却忧愁。

在高中时，我终于克服了疾病的困扰，摆脱了药物和针剂（大量的西药吃得我胃部常常动力不足，大量的针剂打得肌肉僵硬）的连续“硬控”，成为一个能够独立抵御自身疾患的健康的生命个体。

在这场与病魔对抗的过程中，我挺过了大把难熬的时光，自己的心力得到了前所未有的磨砺。正应了那句话：那些杀不死我的，都会使我更强大。这也让我对心的力量有了一种深刻探索的渴望——这是我踏入心理学殿堂的缘起。

02 文明其精神，健康其体魄

我终于迎来自己18岁的年华，人生进入了一段美好的历程。

我发誓：我可以支撑自己的身心去做任何我想做的事情。大学时光对于任何一个亲历者而言，都是生命中不可替代的美好存在。

大学实在是适合博览群书的地方。在大学期间，除了我自学心理学专业书籍外，我阅读的内容广泛涉猎历史、文学、地理、哲学、传记、小说等。“饭可以一日不吃，觉可以一日不睡，书不可以一日不读。”这句话成了我的座右铭。从6岁起，我妈妈就开始培养我的读书习惯，到大学时，阅读量达到一个小小的峰值。父母的爱与陪伴，也是支持我不断永攀高峰的核心动力。

除了广泛地阅读各类书籍，我还保持良好的生活作息，积极参加运动。这使得我在大学期间再未吃过一粒药，打过一次针，精神状态饱满，体魄健康。我应学院团委老师的邀请，共建了学校第一个“心理咨询工作站”，帮助很多同学提升了心力，减少了内耗，促进师生关系和谐。这获得院校师生的一致好评。

同时我的《青少年犯罪心理预防》，作为学院唯一一篇跨法学和心理学的毕业论文，获得了“优秀毕业论文”的称号。

至此，通过读书、运动、班干部及社团活动和社会实践的历练，我的精神意志得到高速成长，这是一段极稀有而又难得的时光。如高尔基在《我的大学》这本书中所说：“我已经学会幻想，去经历非凡的冒险，创造伟大的业绩。由于生活艰难的日子太多了，这种幻想对我大有裨益，我渐渐在幻想中成熟起来。我不期待外界的援助，也不指望撞大运，可是，顽强的意志品质却渐渐培养起来，而且生活条件越是艰苦，我越发感到自己更坚强更机智。我早在很小的时候就懂得，人是在与周围环境的抗争中成长起来的。”这似乎成了我的写照，且从心力上来说，我也已经跨越了时空，重新书写了自己生命的格局。我踌躇满志地期待着新生活的开启！

03 天高任鸟飞，海阔凭鱼跃

来北京发展，是我对自己一次全新跨越式的选择，开启了我新一轮跌宕起伏的生命历练。因为学习法学专业的机缘，我在北京一家律师事务所从主任律师助理做起，同步在中国政法大学进修国际经济法专业。凭着比较过硬的专业素养和良好的心理素质，我培养了自己的业务素质，积累了人脉资源。这是进入社会后，一段非常好的奠定未来发展的基础时间。

任何事情的发展都是因缘际遇推动的结果。随着我国经济的迅猛发展，我触碰到一个进入地产行业的机缘，经过深入了解，我决定放手一搏，进入创业的大潮中去。因为天时地利人和，创业进行得顺风顺水，人生又进入一个崭新的生命阶段。我不自觉开始思考生命的意义：我是谁？我从哪里来？我要到哪里去？为探索生命的意义，我进入北京师范大学进修应用心理学博士，考取了心理咨询师和国际催眠师资格证书。这份热爱将我不断推向探索生命本源的道路。

专业的无限次学习与叠加之后，读书的边际效用在工作和生活中次第扩散开来。我读博士的时候，孩子刚出生不久，我边带孩子边学习，把心理学中的一些前沿的技术和知识应用在孩子的早期教育上。孩子5岁的时候，我就受江苏凤凰美术出版社之邀出版了《龚渡惠田个人作品集》，同步也在当当网做了发售（有多家媒体做了报道）。学习最大的效用在于应用，我开始服务身边有缘的朋友。看着他们可以在我的系统性咨询服务后，产生明显的变化，比如一位朋友内心的感情创伤被疗愈，走出痛苦的阴霾，绽放笑颜，我的内心真的是充满了无比的欢喜。

人生从来没有一帆风顺，生命的拐点有时候会在不经意间到来。我本以为生活可以这样继续美好下去，但平地起惊雷，自己的生活发生了巨大的变故。悲伤和难过当然会有，但是学习心理学让我能够在巨大的困境面前保持心态的平和，头脑的冷静，在看似沉重的生活打击面前建立正确的期望，理性面对问题、解决问题。这是心力的又一次超高强度的击打性锤炼，经受住了，穿越过去了，也就完成了这次生命功课。

人生一世，最难的是战胜自己。无论是生命的顺境还是逆境，我们的眼睛看向世界，世界就在眼前，所以向外看他人并不难。难的是我们能够静下心来，安安静静地审视自己的内心，在明澈的自我世界中，找到真实的自己，追随自己的内心，就是追随我们生命要去的方向。

04 以心入道，力从己出

“每一天，你都有机会深吸一口气，踢掉鞋子站出来，然后舞起来——没有遗憾，用你能承受的最大快乐和大笑充盈你的人生。你既可以勇敢地飘进人生的舞池，遵循你的灵魂劝你的方式活着，也可以安静地坐在墙边，陷入恐惧和自我怀疑的阴影中。”这是美国著名的脱口秀主持人奥普拉的一段话，我很喜欢。所以，我还是选择飘进舞池，遵循自己的内心而生活。孩子上学，我重返职场，积累了很多心理咨询的实战经验，由此我搭建了“天露博士咨询服务系统”，致力于帮助更多有缘的人获得真正的改变。

读书和学习再次成为我的强大内驱力。由于深度钻研“天露博士咨询服务系统”，我在很多方面的认识取得了实质性突破。比如在情感关系、亲子关系、原生家庭卡点，学习卡顿、事业瓶颈等方面。

咨询服务系统能实现精准咨询、高效逆转的效果，大大减少案主身心调整所需要的时间和精力，为个人和家庭减负，为生命焕活新生高效助力。

你唯有懂得更多，才能做得更好。我们期待未来有更多有缘的朋友可以走近我们，融入我们，为更多有缘的生命播撒爱的力量和开心的种子，并且可以成为照耀别人的那一束光。我也期待每一位有缘读到此文的朋友，深深链接到我的这份发乎于心的爱的传递，期待在某个美好的时空与你相遇！

我的十年 plus

Wendy 陈雯

精通 AI 的地产经纪人

海漂加拿大 25 年的留学生 / 移民

安大略省注册工程师 / 六西格玛黑带

我是一个出生在北京的浙江人，还是一个在武汉长大的北京人，现在是一个定居在加拿大的中国人。

25年前，我为了追求爱情，不远万里来到加拿大求学。2002年，我于多伦多大学硕士研究生毕业，平生第一次找工作是在加拿大。

01 成长历程：从武汉到北京

我的爸爸是中国地质大学的退休教授，我的妈妈是医生，我还有一位非常优秀的姐姐，从小她就是我学习的榜样。我小时候，我爸爸因为工作的原因，经常会带学生去野外实习，一走就是十天半个月，甚至更长时间。我妈妈是医生，要值夜班。至今我仍清楚地记得那是武汉一个闷热的夏夜，妈妈去值夜班了，就姐姐和我在家。外面电闪雷鸣，我们俩害怕得都把被子从柜子里拿出来围在身边，然后两个人抱在一起相互鼓励。早上妈妈回家，看到我们俩身上都长了好多痱子，真是又心疼又生气。

爸爸妈妈从小就一直教导姐姐和我，每一份成就都是靠勤奋和努力换来的。人可以不聪明，但是绝对不可以不勤奋。爸爸妈妈都是在他们各自的工作领域里得到普遍认可和尊重的。姐姐和我从小就知道要勤奋努力，要不畏艰难。爸爸妈妈也一直教育我们要乐于助人，这一品质，我保持至今。我一直觉得，能够帮到别人，是我最大的快乐。

我的高中时代是在湖北武汉的华中师大一附中度过的。这里聚集了太多优秀的学生，我一直非常努力地学习，期望能够跟上年级里和班里的各位学霸。前年（2023年）是我高中毕业30周年，11月3日，北美的30余位高中同学欢聚在西北大学芝加哥校区，同时连线在武汉聚会的同学和老师们，大家在一起度过了一个特别难忘的周末。

高考的时候我发挥得不太好，差几分没有考上第一志愿清华大学，来到了第二志愿北京工业大学。因为绝大多数同学都是北京孩子，一到周末，学校里就空空荡荡的，而我父母在武汉，我只有寒暑假才能回家，所以每到周末，我都有很多时间用来学习和打工。我的成绩一直名列前茅，被评为北京市优秀毕业生，保送本校研究生。我也参加过各种社会实践活动，比如做家教，去北京音乐厅做大学生领位员，去学校的网络中心做网管助理，去培训学校讲课等。现在回想起来，如果我去了清华，学习上的压力估计会让我没有时间和精力做这些事。

02 海漂一族：从北京到加拿大

我2000年出国留学，获得多伦多大学全额奖学金；2002年硕士研究生毕业，方向是机器人和自动化。其实我原先并没有计划要出国留学，是因为当时（1999年）我的男朋友拿到了多伦多大学的奖学金，要出国留学。那个时候我做出了人生的一大决定：我要嫁给他，所以选择和他一起出国留学深造。我们初到加拿大的时候几乎一无所有，真的是每人两个行李箱，就来到了这个完全陌生的国家。我们就这样在加拿大一起努力奋斗了24年。

我平生第一份工作是在一家小型创业公司做汽车零配件测试。这家公司的主创人员，从工程师到部门主管，都是从Magna（麦格纳，全球最大的汽车零部件供应商之一）出来的高管。“9·11”事件以后，北美的经济不景气。我毕业那年（2002年）找工作非常困难，名牌大学的硕士学位对找工作并没有太大帮助。但是在小公司工作也让我得到了很大的锻炼，因为有机会做很多任务，真是一个人顶三个人用——既是技术员，又是工程师，还要负责售前、售后工作，以及和客户打交道。

3年多以后我去了Magna，就此进入了制造业，取得了工程师执照。我一直利用业余时间学习，获得了六西格玛黑带证书。这个阶段的学习和积累为我后来跨行业做好了准备。

一直热心公益事业的我，常年为北美制造工程师协会做志愿者。

2006年，我成为制造工程师协会多伦多分会的第一位华人女会长，并亲自主持了庆祝多伦多分会成立65周年的庆典活动。

2007年，北美的汽车行业遭遇冬天。在挺过了两轮裁员以后，我终于没能躲过去，经历了人生第一次被裁员。然而，由于我长期参加专业协会的志愿者工作，有很广泛的专业人士网络，不出一个月就成功找到了工作。

2008年，我离开了汽车行业，进入供应链行业，就职于ThyssenKrupp（蒂森克虏伯），K&F。作为六西格玛黑带，我负责带领团队执行提高不同部门项目效率的工作。

2012年，我进入食品饮料制造业，就职于Molson Coors,Ferrara Candy，负责精益生产，带领团队执行跨部门提高质量和效率的项目。

03 中年转型：从六西格玛黑带到地产经纪人

2015年我家弟弟出生以后，我放弃了全职工作，回归家庭，开始侧重亲子陪伴和地产投资。我获得安大略省地产经纪执照后，开始操盘家庭房地产投资项目，现在和老公拥有三套投资房产（都出租了，由我负责管理）。

成人达己，一直是我的目标。

做地产经纪人，使我有机会帮助留学生、新老移民、移二代等在加拿大安居乐业。当我成功地帮助客户在人生的不同阶段找到他们理想的家园时，我特别有成就感，特别开心。

当我的指尖摩挲着那本承载着专业认可与行业准入资质的地产经纪证时，往昔岁月里那些助力客户奔赴加拿大、实现家园梦的片段，便如老电影般在我的脑海中一帧帧清晰放映，每一帧都满溢着梦想照进现实的欣喜与温情。

2018年：见证新生命与“家”的交融

2018年，一个阳光与微风都恰到好处的春日，我迎来一对满怀憧憬的夫妇，他们眼中闪烁着对异国安稳生活炽热且质朴的向往。彼时，他们怀揣着在加拿大这片广袤土地扎根、孕育子嗣、开启全新生活篇章的心愿而来。我们穿梭于城市街巷、城郊小道，从崭新精致的联排别墅到成熟社区的独立屋，不断权衡利弊、精打细算。

最终，那座独具韵味的独立屋闯入我们的视野。庭院前，几株枝繁叶茂的枫树像是天然卫士，嫩绿的新叶在日光轻抚下闪烁着希望；屋内空间布局合理，采光条件极佳的4个卧室仿佛已预见到未来婴儿床的安置。当他们在成交合同上落笔签完字后，我看到他们紧绷的神情瞬间释然了，转而变得充满期待。时光悄然流转，后续联络时我得知，他们先后迎来两个可爱的宝宝，孩子们在这里蹒跚学步、牙牙学语，家庭的温馨气息填满了房屋的每一个角落。而我，有幸成为这段幸福旅程的见证者与铺路人。

2021年：为逐梦青年“定制”都市栖息地

2021年，一通跨洋电话打破了办公室的忙碌氛围，电话那头是远在深圳心急如焚的孩子妈妈，她娓娓道出女儿的情况。她的女儿从加州大学伯克利分校毕业，学业上一路披荆斩棘，手握多伦多知名企业的橄榄枝，即将奔赴职场新征程，可住宿问题却让远在异国他乡的母亲揪心不已。

我迅速行动，将多伦多市中心的房源细细梳理，筛选出契合女生需求的公寓清单。等到女生到达多伦多，我带她一起穿梭于高楼大厦间，实地考察每套公寓的周边环境和内部设施，与房东反复议价协商，最终锁定了那套离她就职公司仅几步之遥的公寓——客厅采光充足，窗前街景繁华且不失秩序，通勤的便捷能让她清晨多些慵懒时光，夜晚免去奔波疲惫。我也因传递这份跨越大洋的母爱与助力青年实现梦想，收获了别样的职业成就感。

在地产经纪人的漫漫长路上，每一次帮助客户寻得理想家园，都不只是促成一桩交易，还是编织一张生活的网，网罗亲情、爱情、事业与梦想。这份职业赋予我的，是见证生命轨迹交汇、绽放的独特视角，那些或欣喜或感动或释然的瞬间，汇聚成璀璨星河，照亮了我前行的方向，激励我继续在加拿大演绎更多温暖故事。

自救人生 »»»

赵悠悠

- 健康逆转领域创新者
- 独创“悠悠快速入睡法”和“悠悠快速逆转法”

01 我有一段被称为“奇迹”的经历

2013年春天，意外的癌症诊断宛如晴天霹雳，将我的生活彻底击碎。在至暗时刻，我选择了一条与众不同的路，独自穿越未知的黑夜，化险为夷，于是，我取消了预定的手术，没有进入医疗程序，结果重获新生。

11年后的今天，我怀着满满的感恩与勇气，透过文字与您分享这段生命旅程。希望我的故事，能为您的生活带来启迪与力量。

02 从下岗到异国求生

20世纪90年代，我和许多国企职工一样，经历了失业潮的冲击。20多岁的我经历了从工厂下岗到在社会上摸索的艰难岁月。30多岁时，在东北老家再难找到工作，亲人因病离世和儿子的教育问题让我感到前所未有的压力，于是，我萌生了出国打工的念头。

我在北京租住的小房间里一边打工一边自学英语，那里进门就是一张床和一个小桌子，四面没有窗户，夏天热得喘不过气来。每晚在小屋里背诵签证申请书，汗水和泪水混着希望，逐字逐句刻在心里。

我准备充分，面签很顺利，签证官仔细核对完每一个细节，给我一张体检表，确认通过了，我连说："谢谢，谢谢！"兴奋得眼泪止不住地往下流，出门时，外面等待的人还以为我被拒签了。

经过多年努力，终于在2009年登上了飞往加拿大的班机。

异国生活并不轻松，文化冲击、语言障碍、养家糊口的责任接踵而至，使我像个陀螺一样不停地旋转。努力学习、努力工作、努力适应，经过几年的努力，我的生活渐渐趋于稳定。正当我开始规划未来、对生活充满美好憧憬时，一场巨大的危机却悄然逼近。

03 从健康警报到突发危机

我的身体开始频频发出警报：失眠、疲惫、月经紊乱、便秘等小毛病，总是困扰着我的生活。虽然经常看家庭医生，但总是找不到这些小毛病的有效解决方案，而且一次检查结果还将我推入了黑暗的深渊：医生初步发现我的身体里有一种罕见且凶险的癌细胞。

我天生身体不够强壮，从二十几岁开始一直有诸多的小问题，这使我一直小心地保养着身体，从没想到结果会是这样。

从白天到黑夜，我竟然没有哭，一滴眼泪也没有流。电影里那种痛不欲生、晕倒被扶起的场景在我身上根本就没发生。

接下来的几天，我想了很多：

想到出国的艰难，想到很多年的准备，想到儿子还没有长大，想到老妈盼着我回家，想到妹妹的不幸遭遇，父亲的万般不舍，想到未来的种种可能……想着想着，不知不觉已经泪如雨下！

我不想说话，不想接受安慰，不想花光积蓄，不愿意被别人看作是弱者，不愿意让任何人看到我内心的脆弱。

我也不想手术，不想放化疗，不想吃药，也不想躺在床上被人伺候，更不想承受任何痛苦……

在等待进一步确诊的时间里，我进行了大量的调查研究。

从前花费多年尝试各种保健品和养生的方法，却始终无法使我摆脱亚健康。那一刻，我决心用最直接的行动突破原来的信息茧房，尽快看到希望。

为了求生，我拨打了全球多家治疗与康复机构的电话，试图找到最优解。拜访有可能对我有所帮助的人，只求一条可行的路。

当时，多位专家给我的答案是：先手术，再进行调理预防复发。

这让我心生困惑——如果成功康复，究竟该归功于手术，还是调理的作用？如果失败了，是手术本身的失败，还是调理的失效？这些问题在我脑中挥之不去。我在一次电话咨询中直言不讳地提出了这个逻辑难题，对方笃定地说："我们的调理可以防止复发。"于是，我追问："那些康复的案例真的是因为调理才成功的吗？如果没有你们的调理，他们一定会失败吗？如何证明呢？"

我要找的是纯粹被调理成功的案例，他们说："根本就没有你找的那种案例。"

在寻找手术前抗癌案例的过程中，我发现完全依靠非医疗手段的康复几乎不存在。只好在失败案例中得到了启发，研究了很多案例，找到了许多自然疗法的成功故事，但是往往与医疗手段混杂。

我开始研究吃饭、睡眠、运动等方面的各种理论，落实到具体的方法上，往往互相矛盾，于是，我重新审视自己每天吃进肚子的东西，重新给自己制定食谱，制定完整的自救计划。

04 突破失眠：从彻夜无眠到拥有优质睡眠

2009年，我一个人来到加拿大多伦多，在陌生的国度，工作和学习让我忙碌不堪，总是凌晨才睡，6点便匆匆起床，长期的睡眠不足使我的身体渐渐垮掉。

突然确诊，给了我致命一击，让我的睡眠质量更差了。躺在床上，脑海被对未来的恐惧填满：手术化疗后的虚弱、失去工作的窘迫、孩子的无助……这些画面像电影般反复播放，使我的眼泪在深夜悄然无声地滑落，打湿了头发，润湿了枕头。

有一天清晨，我看到镜中憔悴的脸庞，突然清醒：如果继续这样下去，病魔没打倒我，我就已经先倒下了。为了好好地活下来，我决定背水一战。医生建议手术，日期排在一个多月之后，签手术同意书时，我犹豫不决，不断问自己："真的没有其他路了吗？"直到医生告诉我，在手术前的任何时候，我都可以选择反悔，我才勉强签下名字。但在心里暗暗下决心：手术是最后的退路。在等待的日子里，我开始了自我救赎之旅。

首先，我必须马上解决睡不着的问题，过往失败的经验告诉我，拖延只会让情况更糟。睡眠是人体的本能，而非复杂技术。在反复试验中，我总结出了三个锦囊，简易实用。锦囊一：改良的想象力，它的原型源于美国军队用来训练士兵的方法。起初，我还是睡不着。经过调整和改进，总结为一放一松，一个想象，就可以顺利入睡。“放”就是放下白天的所有事，“松”就是松弛自己的身体。锦囊二：做一个简单的有助于睡眠的动作。锦囊三：也是做一个有助于睡眠的动作，这个动作是灵机一动的小发明。当晚试验，竟然一夜无梦地睡到了天亮！

有了以上三个助睡锦囊，我的睡眠逐渐变得简单，有时候甚至什么也不用做，连泡脚都不用泡了，就能睡得很好，而且心理压力也减轻了许多。

在等待手术的日子里，我专注于探索居家自救的方法，确保优质睡眠，制定自制食谱，调整作息等关键环节，身体状况很快得到了改善，随后所有的小问题都消失了。经过深思熟虑，我不顾医生的反对、知情人的不解和家人的担心，犹豫再三，最终决定不进入医疗程序，继续以独特的方式守护自己的健康。无法想象，我从确诊到现在，已经正常工作生活了11年。

出于谨慎考虑，直到8年后，我才鼓起勇气，将这段特别的旅程对外公开分享。

05 直播分享：从自救到助人

从2021年开始，通过直播分享我的故事和方法，三年来数万人看过我的直播，绝大多数人反馈入睡比之前快了，睡眠质量有所提高，心情变好了，压力减轻了。很多学员从整晚无眠到连续睡6小时以上，他们通过我分享的方法找回了优质的睡眠。

在2022年，我还举行了一场公开测试，测试报告放在公众号“悠悠好睡眠”里，题目是《快速入睡测试报告》。

06 成果和未来计划：构建睡眠自由的体系

在分享过程中，我收到了许多宝贵的意见，让我不断调整和优化自己的服务与沟通方式。有人喜欢听我的真实故事，有人欣赏我接地气的表达，还有人关注我3年直播中的点滴积累。

失眠者真正需要的是简单有效的解决方案。如今，一站式失眠解决方案的网站已经建立，无论是轻微失眠还是严重失眠者，都可以在这个网站上找到适合自己的方法。内容简洁实用，纯方法论，按步骤操作即可，不需要特别的学习或训练。

我做这一切的初衷并非为了追逐财富，而是希望通过分享我的经历和经验，帮助更多人减轻痛苦。未来，我希望能遇到懂得行销的合作伙伴，将睡眠方法和亚健康逆转方法推广给需要它的人们。

我真心希望这份分享能够为健康爱好者及相关机构带来启发，从而使更多人避免走弯路和减少伤害。愿每一个人都能远离痛苦，拥抱健康，享受轻松美好的生活。

人生第五个 10 年，在瑞士渡劫

红杏

- 旅居瑞士，Everkid 青少年户外教育机构联合创始人
- 研学及留学规划师
- 国家二级心理咨询师
- 高级评茶师
- 著有《最后的天堂》《户外养育新理念》《体验无止境》

还没有修行到能未卜先知，也没有能力逆天改命，所以这辈子似乎只能随波逐流、听天由命……其实人生的每一步，谁又不是踩着自己的脚印往前走的呢？只是这步子迈得有点远，扯得自己有点疼！

01 想拯救所有“不容易的孩子”

谁的人生不是一本流水账，人人都想做“会计”，但落地执行起来，不过就是个疲于奔命的“出纳”。

那几年的旅游卫视有个叫《行者》的栏目，几位“女侠”轮番上场，在银屏里演绎着属于少数人的精彩人生，我算是其中一个。

我读研时的专业是视觉艺术，以为这个专业会比较容易读，但第一个月我就给德裔澳籍的教授起了个绰号叫“法西斯”。本来读这个专业就是为了扬长避短，躲开不擅长的数理化，结果却一样都不差。至今我都特别感谢当年那些“怜香惜玉”的同学，最高光的时刻是大半个班的同学在工作室里帮我完成作品……连教授都感慨道：“我真不明白你是怎么做到让所有人都在帮你的……”而彼时我的课题让我吃了很多年的红利，以至于我经常被奖杯、证书和各种演讲迷醉得忘记了在海拔四五千米以上采访拍摄时那一次次在天堂和地狱间的徘徊。

后来我有了一出生就把ID当成小名的“小驴佳佳”。她从4个月大的时候就开始了旅行生活，6岁前她几乎走遍了中国很多有趣的地方，之后又以每年两三个国家的节奏开始看世界；从1岁开始就在旅游卫视亲子旅行节目中“霸屏”，让很多观众有信心带着孩子出门走走；2岁开始学滑雪、4岁开始办个人画展、6岁出版第一本画册和邮票专辑、10岁出版第一本书、13岁开始在瑞士留学……

2011年，女儿上了小学，在粉丝们的推动下，我和她爹开办了“Everkid青少年户外教育机构”，希望能影响更多的家庭，让更多的孩子有机会走出家门和教室，在自然环境和更广袤的世界中补充传统教育中缺少的“微量元素”。

我们带着孩子们学习徒步旅行和扎营、认识植物、探索人文与自然环境、前往世界十几个国家进行游学旅行、上山滑雪、下海拉帆，还成为2015年申冬奥宣传片大屏幕上唯一一支青少年滑雪表演队，为成功申办2022年冬奥会奉献了一场滑雪大秀……

我知道大多数孩子终归要在成长中接受不同质量的教育，我们的夏令营、冬令营、游学营、亲子营……就是想让孩子们在多元化的场景中学会更多摄取知识的方法，在不同的成员组合中学会进行多层次社会性融入，选择滑雪、水上运动以及野外生活等项目以提高孩子的自我管理能力，练就一颗“大心脏”。

在和孩子交往的过程中，我觉得我还是输给了“原生家庭”。

02 原生家庭的作用是最强的

在启动Everkid青少年户外教育项目初期，我们是从露营和滑雪开始的，因为我女儿2岁就开始学滑雪，我们还带动身边的小同学一起滑雪，且我们已经有多年亲子旅行和户外活动的经验；我还因为有多年的户外经验，成为美国防水透气面料戈尔特斯品牌签约7年的“户外英雄”，是被称为“中国户外行业奥斯卡”的户外梦想实现大奖活动连续6年的总评委……所以我们是有比较充足的户外经验的，带着孩子们跋山涉水是游刃有余的。

从2012年开始，我们带着孩子们开启了国际游学之旅，让孩子们看看更广阔的世界，因为我们的很多学员都是小学生甚至还在上幼儿园，我们的游学营也允许家长参与。

就是这个开闸放水的决定，让我们的工作量增加了很多，还在不断出现的各种状况中长了不少“见识”，从而让我们做这份事业的初心开始动摇。

以往的营期中，也见识过各种类型的孩子，有像个小太阳总能照亮一切的，有“显眼包”总能给大家带来欢笑的，有特立独行、世界与我无关的，有患有社恐症总喜欢玩消失的，也有暴躁时歇斯底里的……一个营就是一个小社会，每个孩子都是不同的。

当年为了降低孩子们的出行费用，也为了便于管理参营的学生，为学生的安全考虑，也为了尽可能减少孩子们对其他客人的打扰，我们咬牙在瑞士买下了一家颇有阿尔卑斯传统建筑风格的百年酒店。酒店位于瑞士温泉滑雪度假区洛伊克巴德，这里一年四季有温泉，夏季有丰富的户外活动项目，冬季有两个可以满足所有水平的滑雪者需求的雪场，这里就是孩子们的家。

有一期滑雪主题冬令营，在国内的行前会上，我们特意安排讲解了礼仪和行为规范，为的是让我们的团队到异域之后，能够遵守当地习惯，不做有损国人形象的事，向世界展现出我们优秀的形象。但带队老师的心里依然是忐忑的。

到达酒店后一小时，酒店的消防警报就响了，尖锐刺耳的声响让所有人都紧张了起来，消防箱上显示着触发的位置，到那个房间门口一看，一位9岁的学员正若无其事地站在那里，见老师来了，问了一句："老师，警报怎么响了，有什么事吗？"

"是你碰这个警报器了吗？"

"没有啊，我就在房间里没动呀。"这时候他的父母正用一种轻藐的眼神看向我们，仿佛是在对我们的询问表示不满，再多问一句，恐怕就会擦出火花。

于是我们放弃了追问，就当是初来乍到，不知道这个警报器不该触碰吧……这时候酒店门外已经响起了消防车的警报声，消防员了解完情况后，释然的情绪中有一丝无奈。当然，这不是免费的，出动消防车的账单会在一段时间后寄过来，价格不菲。

几天后，酒店雇佣的瑞士大姐在收拾完房间后，愤怒地向我们吐槽："房间的旁边就是卫生间，为什么这个房间的垃圾袋里有小便？"为了不让这样的事情再发生，也想关心一下孩子是不是需要帮助——毕竟作为一个9岁的孩子，独立上厕所不是问题，我悄悄地向孩子妈妈询问，而孩子妈妈的回应让我无语："他是个孩子，不想去厕所，往垃圾桶里尿尿怎么了？又没有尿到地上……"我可能不是个合格的老师，因为我实在无言以对。

第二天，为孩子们用心制作的早餐中有米粥，因为毕竟大多数人早餐习惯吃点热乎的，这个孩子的爸爸吐槽说："你们这早餐天天都有粥，就用粥对付我们吗？"于是，我们无声地看向了孩子妈妈，因为孩子妈妈第一天就告诉我们，最好每天都能吃到稀饭，这样滑雪的时候肚子暖和一点……

终于在各种状况中熬到了最后一天，厨师不小心让锅子起了一股浓烟，又触发了消防警报。这时候只听这个男孩在旁边得意地说："这次可真不是我弄响的啦！"即便孩子妈妈想捂住孩子的嘴，也没能挡住这诚实的声音。

而在这即将结束行程的日子，镇上的表店里传来了两位妈妈因为争抢一款只剩一只的手表而发生冲突的故事。让人无语的是，还有一个毫无顾忌地帮着妈妈吵架的孩子……

我和我丈夫曾经想用心在后半生做好教育，甚至为此远离年迈的父母，把身家投在瑞士，试图为孩子们建造一个伊甸园，但在一个个有着巨大个体差异的原生家庭面前，我们要示弱了。

03 在平行世界活出立体人生

在磕磕绊绊中，我们依旧带动了上千个家庭、几千个孩子走向户外，带着上千个孩子在冬令营、夏令营、游学营中开阔眼界。

2020年冬天，当我们再次飞到瑞士，做好准备迎接下一个滑雪冬令营的时候，老天给我们的脚步按下了暂停键。

解散了国内的团队，把损失尽量降到最低，在瑞士开始努力把心沉下来，告诉自己换个行业也能做。

和瑞士酒店几个白人员工磨合的日子过得特别充实，你要学着接受他们的边界感，他们真诚地说："我们更像一个大家庭。"

从来十指不沾阳春水的我，也当上了厨娘，端上了盘子……在人生的第五个10年，开始懂得适者生存，再浓的香水也盖不住一身的油烟味儿，还要对着一些没见过阿尔卑斯山之外的世界的人露出灿烂的笑脸，告诉他们我是有教养的中国人……

在节奏基本统一的日子里，逐渐思维同化、节奏同化，也可以说成了温水里的青蛙。这里没有年龄焦虑的问题，交际相对轻松、阶级层次不明显，但多了人种焦虑的问题，毕竟我这张脸再怎么融入，也依旧与众不同。

我们得做点什么，才对得起这卧薪尝胆的日子。

改造酒店房间，又在只能做外卖那段时间搭建了室外露台，还改变了瑞士传统酒店的运营模式，让一个曾经只能靠运营房间获利的经济型酒店做到了同一空间实现多种功能，业态多元化，客户人群多元化；让商店中销售的小玩偶和传统的中国茶具有疗愈的效果；也帮助过一些需要抚慰的心灵，好几位客人把这里当作心灵的港湾，时常来浅泊一阵，聊以自慰。

这些日子也见证了瑞士原住民不为人知的无奈，以及孤老者的黯然离世……到底什么样的活法更好，没有标准答案。

我们也面向在欧洲的华人少年办了几期冬令营和夏令营，虽然规模不大，但和孩子们在一起的日子总是灿烂的。

当我们再次迎来第一个坐着国际航班飞到瑞士的夏令营成员团的时候，感觉一场劫难已经度过，人生的简历，又多了几行。

我的人生逆袭 》》》——从小白到签约作家

颜学梅

- 中国青年作家学会理事
- 青年作家网、中国海南海岛作家村签约作家
- 2023 年加入“书香学舍”
- 作品在全国各类征文比赛中荣获多项大奖
- 文章入选《纸满云烟》《墨染风华》《2024 年度华语文学精品选》等书

曾几何时，我是一个写作小白，没有过人的天赋。在恩师的指引下，我乘东风而逐梦，漫游在文学世界里，每天的生活都浸染诗意。多年以来，我通过不懈地寻觅、向往和学习，终于迎来成功的曙光，让梦想之花灿烂地绽放。沿着时光的脚步追溯，我不禁感慨：自从爱上写作，我的生命再也不会沉沦。我的心一直栖飞在那些纯美时光中，感到精神愉悦、生命充实。往昔岁月里的疼痛褶皱已渐渐被抚平，对亲人那份充满感激的思念也有了寄托之处。这一切都要归功于写作。写作，敲开了我心中通向美好的那扇门，那些曾经的种种磨难，都如春风化暖，变成温馨的回忆和催人奋进的力量。

01 人生变故降临，我的世界坍塌了

2016年大寒时节，人生最大的变故猝不及防地降临——世界上最疼爱我的父亲永远离开。那些与痛苦纠缠的寒夜，父亲熟悉的呼唤常常在梦里、在心湖里回响。往事涌上心头，在五脏六腑郁结着缠绵不去。我忽然有了想法，要用单薄的文字，纪念自己与故去的亲人难舍的情谊，以及带给我许多温暖的师生情缘。在指间的文字中，寻找生命的意义，解开心怀，创建自己的精神家园。

然而，文学梦想，于我又是陌生的。随着身边的亲人一个个撒手而去，所有的美好都渐次离开。我行走在人生坎坷的旅途，来到知天

命的十字路口，体会到最深刻的世事无常。我身心俱疲、步履维艰，茫然不知所措，找不到一条通往梦想的道路。无边无际的落寞充斥在每一天中。偶尔从这种情绪中抽离，我又被繁杂的生活琐事填满、淹没，将梦想挤远。现实已无力筑梦，梦想亦无迹可寻。

我徘徊在绝望的边缘，泪珠在黑夜里悄然滑落。这时，耳边响起父亲的叮咛：“阿梅，人的一生，难免会遇到许多要克服的困难。既然无法逃避，我们就要坚强面对，试着去克服每一个困难。愿你活得更好，不辜负我的期望。”

反复咀嚼父亲的话语，让我领悟到：在漫漫人生旅途上，从来没有一帆风顺，总会起起落落。人生之路上遇到的挫折磨难，都将成为乘风破浪的动力。就算残酷的现实撕裂梦想，也要坚强面对苦难，迎接生活的挑战，怀揣希望向着梦想的远方前进。在苦涩中酝酿甜蜜，再艰难的生活也能闪耀出一道道金光。熬过那段灰色的日子，一定会迎来自己的锦绣春天，让人生的旅途绚烂多彩。

02 遇见恩师，我的文学梦想翩翩起航

从那一天起，我奋笔写作，但能力有限，不擅长编故事。梦想遥不可及。只有提高自己的写作水平，才能找到出路。于是，我决定遍访名师，全力以赴学习写作。

2018年1月，我在简书平台上幸运地遇到了一位出色的写作导

师——恩师周卫英。他的文字严谨、坦率、独到、富有哲理，令人肃然起敬。周老师创办写作书院，文以载道，渡人渡己。他把自己多年的写作经验倾囊相授，耐心点评文章，为我们答疑解惑。他引导我们修文炼心，照见内心深处的真善美慧。我的梦想被重新点燃。

2021年11月1日到2022年2月28日，我参加“牛皮明明120天写作私教班”学习。那时，我是一个只发表过几篇千字文的写作小白，对文字的驾驭能力不够。我想提笔描绘那些故人往事，脑子里却一片模糊，无法用语言清晰地勾勒出来。有一天，恩师通过小鹅通视频直播，与我们面对面谈写作。他对我说：“建议你把写作这件事当成一个长远的计划。不要急，先悦己，再悦人……”寥寥数语，让我茅塞顿开。我决定先把基础打扎实了。

2022年9月，我偶然看到《读者》签约作家包利民老师的招生信息。包老师的散文字字珠玑，透出一种超凡的气质。我十分佩服，拜入其门下。在恩师的引领下，我坚持多读书、勤练笔，创造如诗如画的生活氛围，提高自己的文化素养。

2024年2月，我加入《读者》签约作家亚凌老师的“心愉悦微写作年度社群”。张老师教导我们：写作要有自己的思想，写出自己最真切的感觉。记得她曾经这样点评我的散文：你的感情很饱满，景物描写很多，描写得也很细腻。如果在其中穿插更多的与父亲的点点滴滴，效果或许更好。在她的指导下，我把参赛作品分成小节，避免文章太长而显得散乱。恩师的谆谆教诲，让我于感动中充满温暖的力量，写作渐入佳境。

恩师让我明白：不管遭遇什么样的境况，都要始终坚守内心的向往，用梦想的光芒照亮那些黯淡的际遇。努力追求自己的梦想，生命就会在磨砺中绽放多姿的光彩，生活也能在坎坷中弹奏出醉人的旋律。

03 写作小白坚持热爱，实现人生逆袭

2023年6月，我有幸成为青年作家网文学会员。这里是写作者的精神家园。它如一缕清风，吹开那扇通往文学殿堂的大门。在汪总编、程老师以及众文友的提携和帮助下，我栖息在这个心灵的桃花源，梦想从这里扬帆。

我隐居在一个清幽的环境里，把红尘俗事统统关在外面，让灵魂安静地绽放。我掀开落满尘埃的回忆幕布，将过往人生中点点滴滴的细节铺展开来，从笔下流淌出一篇篇爱与被爱的故事。

当年6月，在恩师的指导下，我饱蘸泪水，和着回忆的甜与痛，写下散文《被疼痛唤醒的幸福》。我深情讲述那段如花一样的年华，自己在父亲无微不至的照料之下治好眼疾的故事。这篇散文于7月1日首次发表在青年作家网，荣获第四届中国青年作家杯征文大赛二等奖。

我将此文分享到美篇，仿佛激起千层浪花，父爱的涟漪一波波扩

散。美友们在文末的一条条热情洋溢的留言，串起对昨日的父爱长长的思念。那些留言漾满暖意。我读了又读，心里悄悄流淌着暖暖的感动。

从2018年1月到2025年1月，距离我第一次参加写作班，已经7年。我一步步脚踏实地地努力奋斗，终于如愿以偿，胜利抵达梦想的远方。从此以后，这世间的美好之门仿佛都在向我开启。我有了新的身份：青年作家网、中国海南海岛作家村签约作家，中国青年作家学会理事。原创散文在全国各类征文比赛中荣获多项大奖，收入《纸满云烟》《墨染风华》等作品集中。近日，喜报频传：来稿作品荣获第2届“魅力中国”当代诗歌散文大赛一等奖、第四届“三亚杯”当代华语文学大赛银奖。欢迎您出席大会领奖，担任《2024年度华语文学精品选》编委……

当心绪回到从前，我忽然顿悟：热爱能让人生出无穷无尽的创造力。只要你像一只海燕，展开勇敢的翅膀，朝着自己热爱的方向奋力飞翔，命运女神就会带你冲破艰难险阻，抵达梦想的彼岸。

04 自助者人助之，遇见美好声音

在“陶然居”里，一群志向高洁、重情重义的良师益友，将我的世界照耀得春意盎然，给了我太多的感动。

恩施作家安丽芳和陶语，以及浅简、云卷云舒老师等文友，在写作方面不吝赐教，让我醍醐灌顶，打开思路。张小军老师常常在百忙之中拨冗对拙作提一些修改建议，让我深受启发。每一次我获奖，他都对我表示衷心祝贺。他特地为我写了美篇《天道酬勤——有感于文友颜学梅多次获奖》。他说："因怀着一份热爱写作之心，学梅文友持之以恒坚持付出，有了丰硕成果。"这句话深得我心。正因为热爱，我才执着地追求梦想，永不言弃。他还用"自助者，人助之"这句话来对我表示肯定。他的加持，让我受到巨大的鼓舞。张老师无私地化作一盏明灯，温暖了我心底的梦想，点亮了我所有的激情与希望。

"90后"才女作家卢佳佳是一位很温婉的女子，年轻有为。我们结缘于"陶然居"微信群。不久前，我收到她赠送的签名版新作《若你是春天，必然花团锦簇》。这是一本富有哲理的散文集。我越看越喜欢，便用美篇记录下我们一段热情洋溢的对话，并向文友们推荐她的佳作。我的鼓励让她心生欢喜。有一天，她在群里分享美文《陶然居里的美好遇见》："梅姐姐每天都在读书、写字，持续依靠写作抚摸每位读者的心。她的作品便是最好的证明。因为她走过风雨，所以想帮助更多的人。她依靠自身的努力，演奏出了自己精彩的美丽人生……"我读着读着，一股暖意在心中荡漾开来。

当过往的人生变成回首的刹那，我有了这样一种感悟：那些生活的坎坷长路上遇见的贵人和恩师，就是推动一个人不断前进的力量。他们让你在困惑时得到启示，不知不觉改变你的命运，给你最好的明天。那些挫败里关切的问候，使你鼓起铮铮的勇气。那些困境中温暖的鼓励，让你心中生长出美好的希望。因此，你才能破茧成蝶，脱胎换骨地改变自己，实现人生的逆袭。

余生，愿我能继续采撷那些逝水流年里映亮生命的美好，一点点把过去的记忆抽丝编织成梦。愿每个人都为世界增添一份温暖和善意。愿我们都能活出自己的精彩人生，收获心灵的自在与富足。

富足的力量 »»»

心华

- 国家二级心理咨询师
- 17 年教育创业经历
- 家庭问题系统解决方案提供者

我一直有一个梦想，想出一本书，来传达自己教育创业17年来的沉淀和总结，但碍于写作水平有限，一直未曾动笔，如今看，可能就是在等一个机缘。因为，我不喜欢为了完成任务而一点点编纂，我喜欢那种自然流淌、一气呵成的创作。

接到合作出书的消息时，很是兴奋！看到书名《富足的力量》，更是喜欢！

01 曾经的匮乏

看到“富足”一词时，我并没有从内在生发出来力量，反而想到的是“匮乏”。想到的是小时候父母因为忙生意把我交给爷爷奶奶带，想到的是自己被同学欺负时被奶奶骂的那句“活该”，想到的是妈妈无数次因为钱的事跟爸爸的争吵和哭诉，想到的是初二时奶奶的突然离世，那个被丢下的孤独、迷茫、抑郁的青春期女孩儿……

想到这些，此刻的我还是会哭。以前哭，是委屈，是隐忍，是恨自己没出息；后来哭，是可怜自己，心生埋怨，慨叹命运；现在哭，是心疼自己，是想念亲人。想念离世很久的奶奶，和刚刚离世不久的妈妈。

我学习家庭教育和心理学已经有20多年了。机缘是我20岁上大学的法学专业时，法学里有一门课叫“犯罪心理”。大学期间做家教赚学费，接触的孩子我都尽心尽责，希望他们有个好的未来。顺着辅导他们的思路，对可以即刻被应用的“青少年心理”产生了浓厚的兴趣。再后来，才明白，那是“创伤自救”的潜意识在驱使着我。

大学毕业即失业。爸妈让我回老家考公务员或进学校当老师，我拒绝了。当时的我有自己的“律师梦”。为了不让爱哭的妈妈和爱发脾气的爸爸动摇我的决心，我赌气从毕业那一天开始不再花家里一分钱。

那时的我物质上很匮乏。租的小屋仅仅只能放下一张单人床和一张桌子，安全就好；每天吃馒头和榨菜，吃到自己贫血晕倒在公共浴池里；穿的衣服是姑姑和姨家的姐姐淘汰下来的；我过生日就是在出租屋内给自己煮方便面……

想到这些，我现在完全没有难过，甚至还有一些小自豪。因为那时候的我拥有“梦想的力量”！

有梦想就有了方向，我去了一家只有3位律师的法律事务所实习，因为在没有拿到司法考试的通行证前，大律所是不要我这样的实习生的。实习没有工资，我只能工作日在律所工作，周末在超市做促销员，赚钱养活自己。那段时间，我很感谢带我的律师。是他们让我看到了我理想的职业具体是做什么工作的。靠近他们、跟随他们，帮他们整理资料、听他们探讨案件，自己再查书去消化法条……那段时间，我的精神上是富足的，仿佛我已经实现了自己的梦想！

然而，命运的齿轮在怎样运转，当时的我是完全察觉不到的。

有一天，我跟我的律师老师接了一个案件，原告因为工作的原因和自己所在的单位打起了官司。老师说，这样的案子不好打赢，明确自己的目的，接受调解，拿回属于自己的经济补偿就可以了。我那时候不懂，没有系统观，个人观点也不确定，更像是一个观望的局外人。老师说像这样的案子，就是胳膊拧大腿。一听到这句话，我就自动把自己带入“受害者”视角，深感内心无力，还有一些愤怒！

一夜无眠，写下一封长长的辞职信，我永远地告别了那个律所，也告别了我“最初的梦想”。

脱离了梦想的轨道，我开始频繁换工作，辗转3个城市，5年间，搬了11次家。

02 创伤初疗愈

2007年，我创业了。确切地说是以创业代替就业。我在心里暗暗地告诉自己：这是我最后的希望了。因为我的妈妈曾告诉我：女人一旦结了婚有了孩子，这辈子就完了。所以，我给了自己3年的时间。而立之年如果还是不能在事业上有所成就，我就认命。

现在想想，那一刻，我是背水一战。

两年时间，公司建立一堆的规章制度（法学专业擅长），从无到有；从一个学员都没有，到几百个学员；从一个员工都没有，到十来个老师。然而，公司财务却亏损了十几万！再次需要追加投资的时候，最初的合伙人都撤了。我不能撤，因为我投得最多。在那个一个月工资只有七八百的年代，我去靠挣工资来还清账的话估计得猴年马月了。于是，一元股权转让合同都给了我一个人，十几万的债务也就压在了我自己的肩上。

我陷入了深刻的人生反思。为什么学生年代成绩优秀还年年当班干部的自己活成了现在这个样子？为什么明明想得挺好，也很努力，结果却总是不如人意？我一边哭，一边在心里指责那个脆弱没出息的自己；我一边抱怨，一边警告自己“抱怨是最无能的表现”。我又看见了那个孤独、迷茫、抑郁的小女孩儿！虽然她已长大，但她的感受却一直被束缚在了过去。

我看见了自己，慢慢靠近了自己。我安抚那个爱哭鼻子的自己，告诉她：哭吧，哭不是没出息的表现，只是自己情绪宣泄的方式而已；我告诉那个爱抱怨的自己：抱怨吧，这只是你想要获得更多爱，想要获得更多帮助的错误表达方式而已；我抱了抱孤独的自己，坚定地告诉她：你已经长大，你很优秀，亲人的离开不是抛弃，是相信你可以，是换一种方式爱你！

那一刻，我哭得撕心裂肺。那一晚，我睡了一个好久都睡不好的觉。

一定是有命运的齿轮在转动，我仿佛听见了它的声音。

自那天哭过后，我仿佛变了一个人。我开始关注自己、爱自己。不再会因为顾虑太多而不敢回家，不再会因为回家没给爸妈买礼物而自责，不再会因为爸妈说我几句而哭泣。我会给妈妈一个拥抱，哪怕她推开我嗔怪两句。我会在爸妈快要吵起来时开个玩笑，提醒他们我要听“相声”了……

03 富足在积蓄

自从我疗愈了自己内在的小女孩，与父母和解，我发现我更明确了从事教育创业的初心——我要帮助那些如我一样痛苦和迷茫的处在青春期的孩子。当我有了这个发心时，我仿佛又找回了自己的力量。就像大学时期对心理学感兴趣一样。从此，我开启了一条终身学习之路。

2009年，公司扭亏为盈。

2010年，我有了自己的儿子！正好在这一年，婆婆退休，帮我带孩子。

一切仿佛都在计划中，其实这就是内心对未知的“掌控感”而已。

2011年，我儿子一周岁断奶。婆婆不想在市里帮我们带孩子了，想把他带回老家。我坚决不同意。理由很简单，我小时候在爷爷奶奶身边长大，我深知无法和爸爸妈妈建立情感联系会导致内心匮乏，像一个阴影，又像一个大空洞。

于是，我经常带着儿子去工作，去学习，出差讲课。我从不嫌他麻烦，他也真的很乖。他练就了一种特殊的能力，就是在哪里都能睡觉。而且是一叫就醒，从没有起床气。

印象最深的一次，是他跟我去江西九江出差。我们从河北保定出发，坐高铁，倒地铁，倒轻轨，到机场，坐飞机，倒汽车……整整一天的时间都在路上。我问他累不累，热不热，是不是不如在家里？他用手抹掉额头的汗，看着我说："可是家里没有妈妈呀！"那一刻，我就觉得自己所有的辛苦都值得！也深深懂得女性想要做到"家庭和事业平衡"实属不易。

2016年，我儿子上小学了。这一年，我觉得不能再让他总陪着我跑了，我要调整自己，陪他"扎根"了。同时，我也思考着公司如何在现有的基础上改革和创新。

2017年冬天，我的公司迎来了一次前所未有的动荡。四个校区中最老的校区，是元老级员工最多的校区，也是一直以来发展最稳定的校区，可一个月内，我亲自培养8年的主管校长"人间蒸发"，其他核心员工纷纷提出离职，校区内的学员家长接连要求退款。当我反应过来时，以主管校长为合伙人的另一家公司已经在运营了！

遭受如此"背叛"，我发现自己依然"孤立无援"。但我已经不再是那个孤独、迷茫、抑郁的青春期女孩儿了。

我忍痛关停了刚刚开业不足一年的第四个校区，一个人在剩下的三个校区中频繁穿梭、往返，那种痛感像极了因被背叛而离婚，然后一个人育儿——倔强，也顽强。

我知道，这一次动荡应该会有深远影响。为了不让工作影响家庭，我真诚地和家人做了沟通，得到了他们的理解和支持。我给儿子说了我的工作性质，以及我接下来要面临的挑战。我跟儿子说我将是一个不一样的妈妈，我不能像其他孩子的妈妈那样照顾他的饮食起居，不能陪他写作业，而且周末、寒暑假我会更忙碌。但我给儿子两个承诺：一是，只要跟他在一起，我的手机就放一边，是否可以接打电话或回信息，我儿子说了算；二是，只要是他生命里的重要时刻，比如学校的家长会、参加的重要比赛、他生病了等这样的时刻，只要他提出需要妈妈，妈妈一定在。我不能保证陪伴的时长，但一定保证陪伴的质量。

2020年，疫情来了。

2021年，双减来了。

这两位“大咖”的来临，对教育培训创业者来说，大家称其为“行业团灭”。

但就是在这样的大背景下，我发起创办的“恒好齐家”系列课程却像一棵傲然挺立的腊梅树，在疫情形势严峻的三年“行业寒冬”中温暖开放。

我将自己的所学和实践整理成了一套课程，叫“孩子是棵树”。

孩子是棵树，树上的花与果比作孩子取得的成绩或成就，树上的叶子就是孩子所学的知识，各个枝杈就是提高效率所采取的各种方法。方法汇总所训练出来的能力就比作树上的枝干，而主干就是孩子长期训练过程中养成的行为习惯。习惯养成的动力和潜能就是这棵树的根。根深蒂固，才有枝繁叶茂；枝繁叶茂，才能硕果累累。

孩子是棵树，这棵树根植于“家庭”这片土壤。父母的富足给孩子提供了肥沃的土壤营养，而父母的匮乏，则会让孩子这棵树在一个阶段停止生长，甚至扭曲成长。“换盆”，固然能解决树的生长问题，但处理不当，就是成长的“创伤”。

父母学习的意义，不是学些“招数”来对付孩子的“偏差行为”，而是认知一棵树生长的规律，进而科学教养。养树先养根，育儿先育心。父母给不了孩子自己都没有的东西，父母教不了孩子自己都不会的东西。父母在育儿中的很多无法自控的情绪，其实都是自己曾经的“伤”。只有父母们自己先看见自己内在住的那个曾经受伤的孩子，接纳他、爱他，才能真正看见自己的孩子。

当有一天我们疗愈了自己，爱满自溢。我们就会发现，我们填满了自己内心的那个“空洞”，我们阻隔了原生家庭中的不良部分的传承，我们经历的所有磨难，都积蓄成了“财富”，滋养着我们的孩子。在他们身上，我们会看见“富足的力量”！

我的健康我做主

历斌

- 毕业于浙江大学化学系
- 从事医药健康行业 20 年
- 执业中药师
- 亿轻松品牌创始人

我们身处科技飞速发展、物质与信息极大丰富的时代，科技进步和物质信息发达在给人们带来诸多便利的同时，也引发了不少烦恼。医疗技术持续提升，然而患病群体所患疾病种类却未见减少，如糖尿病、高血压、高血脂、高尿酸、心肌梗死、脑梗、癌症等病种类繁多。面对这一现实，许多人不禁疑惑：生活条件日益优渥，为何患病者增多，疑难杂症频现，甚至有些疾病难以根治，需终身服药？带着这一困惑，我开始今日的分享。“横看成岭侧成峰，远近高低各不同。不识庐山真面目，只缘身在此山中。”其蕴含的“整体思维”对看待健康问题极具启发。看待身体健康应秉持整体观念，将身体视为完整系统，综合考量全局因素，包括前因后果、内外环境变化以及个体差异，如此方能精准辨明病因，找到有效调理方向。

01 耳濡目染的力量

儿时，“不到长城非好汉”“666精神”（赞赏和认可，未来继续努力奋斗之意），常见于父亲寄回家的书信，成为激励我的话语。

我生于浙江东阳农村，小时候父亲常在外闯荡，鲜少归家。为数不多的几次回家，记忆中不是我被他拿着扫帚追着跑，就是被“荆条”罚认错。

还好，我读书还算争气，小学至大学，基本无需家人操心，父亲因而对我寄予厚望，盼我考入好大学出人头地。父亲早年考上杭州大学，却因家境贫寒无奈放弃，所以一直留有遗憾，后参加抗美援朝，退伍后放弃分配到国营农场的机会，前往江西办厂，又回浙江老家开办绝缘材料厂。

借着改革开放东风，家里一度成为当地有名的“万元户”，小时候家境颇为优渥。可惜好景不长，父亲倔强的性格给他事业带来阻碍，未能妥善处理乡镇企业的内外关系，工厂生意渐趋萧条，还欠下不少债务，我上大学的费用都是靠母亲和家人四处向亲朋好友拼凑的。考大学时，受父亲影响，我选了化学专业。

我的爷爷，在我记忆中是位白胡须、戴旧毡帽的慈祥老人。他是木匠，离世时，政府还为他开追悼会，只因他生前热衷做善事，印象最深的是他自掏腰包，出工出力为当地造桥、造亭。母亲和哥哥常念叨，爷爷积德行善，我们后人要传承这一精神。

受工厂衰落影响，父亲开始积极寻找新的机会。一次从报纸上得知，美国从红豆杉中提取的紫杉醇可用于治疗肿瘤癌症的信息后，父亲便在80年代末期，投身红豆杉抗癌中药研究，成立红豆杉开发研究所，至今近50年。成长过程中，我总是能接触到中草药、药膏、穴位方面的知识，常被父亲引导研读《中华药典》《本草纲目》，学习中药知识。父亲出差时，还会布置作业，让我观察不同药酒颜色、性状气味，查阅药典来了解中草药特性。

经多年钻研，父亲凭借认真执着的精神、医药天赋与良好文化基础，总结并试验出从红豆杉中物理提纯具有抗结核和肿瘤效果成分的工艺技术，保留红豆杉天然有效成分，降低毒性，并在专业期刊发表系列文章、申请发明专利。此后，陆续有家属、朋友来咨询，各地求治无门的病人慕名而来。

这让我信服父亲内服中药加穴位外贴技术的治疗效果，也燃起我对中医药的浓厚兴趣。此后，我坚持学习中医药知识，先后考取执业中药师、中医康复理疗师、中医针灸师、执业西药师等证书，师从中医大家徐文兵，参加厚朴中医筑基课程，深入研究以《内经》为基础的经典中医理论体系。如今父亲92岁高龄，身体硬朗，仍坚持写作、看书、走路锻炼。

在父亲影响下，近20年来我不断学习实践，吸收父亲开发的中医药发酵工艺技术，结合经典中医理论和实践体系，探索出一套行之有效的中医康养方法。因此，自身及身边亲友身体状况也得到改善。

02 做健康的主人

我记得母亲50多岁时就开始大把吃西药，常胸闷、心绞痛、胃痛，医院诊断为高血压性心脏病、糜烂性胃炎，药不离手。母亲60岁时，田间偶遇医生，被告知像她这样的病人能活到70岁算长寿，母亲虽笑着回应70岁够了，做人不能太贪心，可我知道她内心一定渴望更长久的生命。后来母亲每次发病急救，都表露想多活几年的心愿，无奈疾病缠身。那时起，我便暗下决心学医，期望助母亲活过80岁，打破医生的“预言”。于是我开启持续学习中医之路，从事医药健康行业，系统学习经典中医理论体系，师从名师实践中医，在家传民间中医基础上，深入学习中医基础、方剂、中药学、针灸学、内科学等知识，接连考取执业中药师、中医康复理疗师、中医针灸师、执业西药师，参加中医大家徐文兵的厚朴中医筑基学堂，学习董氏针灸等。

学习与实践并行至关重要，母亲对我充分信任，我将成熟安全的中医实践经验运用于母亲疾病调理上，她配合默契，治疗效果显著。

由于母亲长期服用西药的副作用加之不规律饮食，习惯饱一顿饿一顿、凉着吃，我紧抓脾胃调理这一主要矛盾。近两年调理下来，母亲降压药从大把服用减至一天1颗，胃病西药换成药食同源产品，脾胃日益康健，前几年轻松迈过80岁大关，如今母亲已近90岁。

由此可见“坏习惯+时间=疾病”，还有关于寿命的“木桶理论”：人体寿命受木桶9块板影响，最短那块板是关键，但脾胃如同木桶底子，脾胃好底子才好。有木桶底子，这个木桶理论才成立。推荐大家可以阅读《养脾胃就是养命》一书，定会受益匪浅。找准病因后再调理，事半功倍。比如受寒引发疾病，“温度”便是调理关键，《温度决定生老病死》一书能带来诸多启示。

03 学习的力量

受父亲影响，十几年来我扎根中医药健康行业，创立品牌，从“亿轻松”逐步发展到“优康立健”，后成立健康管理公司，专注非药物健康调理领域。我持续钻研中医系统理论，拜访诸多名师，如健康观念第一人张大春老师、厚朴中医学堂徐文兵老师、大脑营行苏引华、逆向思维周导等，融合商业思维与中医整体观念，探索出一套中医健康管理理念与方法，核心在于追求身体的“平衡”状态。健康调理方向至关重要，关乎“道”，方向正确才能渐入佳境，反之则徒劳无功。

多年健康行业创业心得表明，健康关乎六个字：清、正、通、调、补、防。以“清”为例，毒素为万病之源，人体毒素有外毒素（吃进、吸入）与内毒素（排不出）两类，排毒通道有肝、肾、肺、大肠、淋巴、皮肤、子宫、情绪等8个，公式为“进去的毒素+排不出去的毒素+时间=大病”。日常接触不少年轻朋友，二三十岁就患糖尿病、痛风、结石等慢性病，多因爱喝冰镇饮料不喝白开水，持续数年甚至数十年，毒素累积、排毒不畅，这自然就患病了。面对此景，建议改掉喝饮料习惯，改喝白开水，不少朋友尝试后收效良好并反馈喜讯，而部分人不信或未行动，依旧大把吃药，病情愈发糟糕。我们人体有五脏六腑，就如同11条鱼一样。鱼养的好不好，看水质；人健不健康，看体质。这里的体质需要干净的内环境为基础，你想想你的内脏器官长期泡在不干净的环境里，能正常工作吗？不罢工才怪呢！

总体来说，健康其实就孕育在日常生活里，正所谓病从口入，防患于未然，预防大于治疗，在平时的日常饮食中就有很多有关健康的大学问。关注好我们自己每天的吃、喝、拉、撒、睡就能恢复健康；关注好室内室外的阳光、空气、水和食物就能恢复健康；关注好日常的喜、怒、哀、乐就能恢复健康；保持好自己良好的心态，适量的运动，均衡的营养，充足的睡眠就能恢复健康；做到“清、正、通、调、补、防”这个6个字就能恢复健康。本文因篇幅所限，只能抛砖引玉，后续关于健康的话题有机会可以一起来探讨交流。

踏上心的归途，»»
点燃内在之光

点灯人娜姐

- 原名：吴娜
- 企业家财富心力成长导师
- 前国际知名企业高管
- 水墨研习 30 多年 | 高级音疗师 |15 年瑜伽修行
- “心之无垠”多维生命体系构建发起者

今天全人类面临的最大威胁是什么？是科技上的停滞，还是经济上的倒退？抑或是物质上的匮乏？

在近代的百年间，人类发展经历了农业革命、工业革命、互联网革命，一直到这几年AI人工智能的科技革命。飞速的社会发展让人类拥有不断增长的财富，拥有先进的医疗让人类的寿命得到延长，拥有各种不同形式的能源，拥有无数先进的武器并且这些武器已经足以摧毁地球上百次，拥有身不离所即可阅览知晓全球讯息的能力……

但我们拥有了这么多的财富与力量（甚至是摧毁地球的力量），却在高速发展的同时丧失了安稳内心、爱及守护自我能量的能力。

我们今天面临的最大威胁，是在科技飞速发展及创造经济财富的进程中，内在心力的缺失、爱的缺失及内在能量的流失，进而显化映射到现实生活中导致生意的波动、财富的流失、家庭的失衡破裂等。而不断流失的心力与能量让我们逐渐失去了内在的稳定与宁静，导致心灵的空虚，失去人生的自主权，还无法获得或守住现实世界的财富与心灵的稳定富足。

01 任何时候都请让心灵回“家”

在现代社会，“富足”早已不单单指充足的物质财富，还包含着内在的稳定与满足。富足不是拥有，而是心灵的状态。内在富足，外在才会富有，正如我成年后的经历一样。

我出生在中国南方一个四季如夏、绿树繁花的城市，父母都是学校系统的双职工，兄弟姐妹们关系非常融洽，家庭稳定温馨的氛围让我非常重视家人之间的感情，同时这也是我内心安定富足的基石。最温暖的就是父母每天出门前的叮嘱："路上注意安全，平安回家哦！"与回家后那一句"哟，女儿回来了！"每每听到都让我的内心无比安宁。

我父亲是一名任职于当地中学身兼多职的班主任，并且还是一名热爱中国传统文化的诗联书法家、书画家。因此，我从小就在父亲营造的书画水墨的氛围中长大，对中国传统文化及水墨艺术有着浓厚的兴趣，尤其是水墨艺术与现代表达的新诠释形式都无不强烈地吸引着我。我母亲是一名学校的"白衣天使"，性格开朗健谈并且酷爱种植花草，也喜爱舞蹈歌唱艺术，从小我就经常被母亲打扮得漂漂亮亮后出去旅行，融入各种自然环境中去认识各种花草树木，这培养了我喜爱旅行，去感受不同人文及环境的爱好。

受父母的熏陶，我在大学专业自然而然就选择了与艺术、环境造景相关联的环境艺术设计专业。毕业后，正好又赶上了中国房地产蓬勃发展的大时代，所以我便将热情投入建筑环境艺术景观的创造行业中，在上海先后为三家国际知名建筑企业服务。在20多年的工作历练中，我成长为一名环境艺术景观的创造者（景观设计师及高级项目管理者）。

本以为人生的剧本就应该如此继续演绎下去了，但命运的车轮却在我结婚7年后的一天悄然转向。一线城市的工作生活节奏太快，加上结婚生子后，我与丈夫忙着各自的工作，因疏于沟通而导致婚姻告急——我的丈夫出轨了。当我在他手机中无意看到那条暧昧信息时，把家庭感情看作第一位的我无法接受，感觉整个信仰世界轰然崩塌。那段时间的思想挣扎与不断的自我怀疑让我夜夜失眠，同时也掏空了我一切的心力，让我无法找到自己的力量去面对接下来的人生，生活陷入无力的停滞状态，工作与孩子的养育都受到了严重的影响。

又是失眠的一天，我站在阳台看着逐渐升起的太阳，当那一缕温暖的阳光洒在我脸上时，仿佛爸妈又在呼唤我“回家”，同时脑海中有一个声音响起：我该去寻找并做一些事情来改变这一切了！我得让心停一停，让心“回家”，重新启航！

02 点燃与生俱来的火种，让这“光”照耀生命

自从那天后，我似乎是意识到生命在用另一种方式指引我去探索成长，就像一个待拆的礼物一样。我开始调整心态，不停阅读各种心灵类的书籍，看相关的影片，参观艺术展……让自己置身于各种环境中去找寻能启发指引我前行的契机与火种。突然有一天，我被一本书里一幅在晨曦中盘腿而坐、面目安详的禅定画面与颂钵的宇宙之音深深吸引，心灵像突然被击中了一样，那一刻我知道：这就是我找寻的

如同回家般“安定”的力量。

于是，自那天起，我开始了日复一日的水墨书写、作画、冥想瑜伽习练与颂钵练习。但我慢慢地发现，虽然似乎知道了将要去的目标，但内在的挣扎与反复的情绪依然会一次次出现，让我动摇纠结，反复陷入自我怀疑的轮回中。在一次瑜伽练习中，老师的一句话点醒了我，他说：“请放下对目标的执着，只是不断练习、感受和接纳一切的发生，一切将随之而来。”于是，我又开始了水墨书写、冥想，瑜伽练习回归到当下一呼一吸间身心的感受中，接纳当下身心的一切感受，不做任何评判，不再思考与执着自己何时能到达宁静祥和的状态。

在日复一日书写的墨色晕染中、在禅定与钵音共振中，我感受到自己逐渐可以柔软下来接纳一切的情绪与感受，逐渐找回了那一股强大的内在力量，仿佛有无穷的创造力在心中自然地生发出来，我感受到自己的“光”被点燃了。而我积极的状态和能量在生活中自然而然地吸引很多人来主动与我联系，有帮助我的，也有更多被我帮助的人。正因自己淋过雨，所以更希望为别人撑起一把伞。这个初心让我走上一条赋能他人心灵成长的道路，而在助人利他的过程中，内心丰盈富足的心力能量更是给予了我源源不断的生命力，让我重新审视和理解了我与内在的关系、与原生家庭的关系、与婚姻和子女的亲密关系。这犹如打开了一份丰盛的生命大礼，让我不断升起感恩之心，促使我书写出不一样的生命蓝图。

在寻回自我内在力量的期间，我也在不断地与身边的人一起分享自己的经验、体会、心得及习练方法。我发现我分享的内容能为很多同样碰到人生卡点的人带来启发与帮助，于是我开创了“默之音·心灵赋能”的习练体系，成为一名心灵画师教练。我立下初心，期望帮助更多的人运用这套疗法在逐级递进的体系习练中，重修新关系，重塑对于自我、他人与生命的理解，从中找回自在的定力、心灵的富足，点燃每一个人与生俱来的火种，获得稳定而强大的内在心灵之力。从而在探索生命广阔的同时，能在生活与事业上不断追求卓越，获得富足的心灵与人生财富。

03 你也想获得稳定富足的心力吗

所以朋友们，听了我的故事你们也想获得稳定富足的心力吗？借本文之缘，分享一些我的体悟和小方法，希望能给予大家启发。

首先，我将“富足的心力”总结归纳为两点：

感恩：对生活的每一份馈赠心怀感激。

满足：学会享受当下，而非无休止追求。

那么，如何练习构建内心富足的心力呢？以下4点简单方式供大家参考。

1.自我认知

内省：定期反思自己的需求与欲望，找到真正重要的事物。

自我接纳：接受自己的不足，理解自己的独特性。

2.设定目标

短期目标：制定可实现的小目标，积累成功后的自信。

长期愿景：想象理想生活的样子，以此激励自己前行。

3.关注内在

冥想与放松：通过冥想提升自我意识，平静内心。

正念练习：活在当下，减少焦虑与压力的影响。

4.不要忽视行动的力量

积极的生活方式：培养健康的生活习惯，增加身体与心灵的连接。

参与社会活动：通过帮助他人来提升自身的满足感。

内心与心力变得富足并非一蹴而就，而是一个不断练习、不断培养的过程。而内在的稳定富足是外在创造的源泉，它为每个人提供了自信、勇气与激情，进而影响个人在社会中的方方面面，可以为你的人生展开一幅全新的画面。在这个快速变化的时代，在追求外在财富的过程中，我们应该偶尔停下脚步，思考自己的内心是否富足。当每个人都能在内心找到那份稳定与满足时，我们的世界又将焕发怎样的光彩？

欢迎有缘的你与我联系，让我陪你走过一段相互邀请、互相陪伴的心灵习练之旅，探索更为广阔的生命旅程，描绘全新的生命蓝图。

告别中成长，感恩岁月赋予的坚韧与富足

Lily King

北京师范大学心理学硕士

科爱基金理事

家庭教育成长规划师

Kidult 森林学校创始人兼校长

国际汉语教师

培德书院原院长

育达威教育文化交流有限公司 / 温莎国际教育中心 / 温莎幼儿园原 CEO
兼总园长

01 引言：生命之河，流淌着告别与成长

今天是我的生日，每一年烛光点燃的瞬间，都是一次对生命的致敬与回望。岁月就像一条蜿蜒不息的长河，静静流淌，载着悲欢与离合，悄然从我们身边掠过。我常觉得，自己的人生如同这河流中的一叶扁舟，既经历过风浪的侵袭，也欣赏过日光的温柔。而那一道道告别的痕迹，则是我成长路上刻骨铭心的里程碑。

17年前，母亲的骤然离世拉开了我与亲人告别的序幕。从那时起，仿佛命运编织了一张不可抗拒的网，每隔两年，我都不得不面对一次至亲的离别。奶奶、爷爷、姥姥、姥爷、姨父、公公、叔叔、父亲带来的记忆，是我的温暖与依靠，也成为我深切的思念。虽然一次次的离别，如同席卷而来的洪流，冲刷着我的内心，但当洪水退去，它也悄悄为我的灵魂留下了富饶的沃土。

或许每个人都无法逃避与告别为伴的生命轨迹，但正是那些伤痛和失去教会了我生命的真谛：在无常中学会感恩，于别离中发现坚韧，从爱中汲取力量。就像严冬之后万物复苏，告别虽然带来寒意，却也在另一个维度孕育了希望。

“每一次告别，都是生命赋予的一次隐秘重生。它赋予我们疼痛，却也赠予我们坚韧、豁达和深刻的通透。”

这些年，我开始明白，真正的富足不在于拥有多少，而在于内心的丰盈。当我们经历过失去，却依然能微笑着拥抱生活时，曾经的悲痛便化作一股推动我们的力量，让我们更坚定地走向更好的自己。

今天，当烛光再次点燃，我感恩岁月的馈赠，也感恩这些年来告别让我变得更加坚强、豁达和通透。每一次离别，都是一次蜕变；每一次成长，都是一次向阳而生。

02 坚强：在伤痛中扎根生长

母亲的离世，是我生命中第一次感受到彻骨的崩塌。那是一个临近春节的冬天，寒风裹挟着眼泪，将刺骨的记忆深深刻在我心里。她的离开如同一场地震，将我原本的生活狠命地撕扯开来。我曾经试图从哭泣中找到慰藉，却发现眼泪无法填满失去的空洞。那种巨大的空虚与无助，仿佛将我拉进一片无边的黑暗。那一年，我的世界像一幅突然被撕裂的画，留下大片的空白。

母亲常对我说："生活难免有风雨，但真正坚强的人，会在风雨中找到自己的方向。"那时的我无法完全理解这句话，直到她离去后，我在痛苦和迷茫中挣扎，才逐渐感受到它的力量。我独自面对无数个孤独的夜晚，才逐渐品味到它的深意。

每一次亲人的离别，仿佛命运递来的一块巨石，层层叠加在我的心头。但在这沉重的压迫下，坚强的种子开始悄然生根萌发。母亲的影像在我心里化作灯塔，在我最无助的时候为我指明前路。我终于明白，坚强并不是不哭泣，而是即使泪流满面，也能重新站起，迈出下一步。

“坚强不是不哭泣，而是即使泪流满面，也能找到继续前行的力量。”

每一次告别，都是对我的一次考验。尤其是在经历父亲的离世后，工作和生活的双重压力几乎让我崩溃。那些日子，我被密密麻麻的任务压得喘不过气：团队调整、政策变化、任务重组……一切似乎都乱成一团。但就在这种混乱中，我逼迫自己冷静下来，学会从繁杂中梳理出头绪。我深刻意识到，只有足够坚强，才能扛起命运的重负；只有在最深的黑暗中扎根，才能迎来新的光明。

回首曾经难熬的时光，那些不堪负荷的日子，我发现它们不仅没有击垮我，反而成为我生命中最宝贵的财富。一次次的告别，磨砺出我坚韧的性格；一次次的重建，让我学会了如何在伤痛中汲取力量。这些都让我明白，坚强不是天生的，而是在痛苦中，在不断跌倒与爬起中培养出的韧性。正是这些经历，塑造了今天的我，让我能在面对未知的未来时，积极主动而不再畏惧。

03 豁达：于无常中领悟释然

经历多次告别后，我渐渐明白，生命如同一场漫长的旅途，聚散离合是再正常不过的事，命运的轨迹从未因人的意志而改变。从最初对命运的愤怒，到后来慢慢接纳，我开始明白，真正能让我释然的，不是抗拒无常，而是与它握手言和。

母亲去世后的那几年，我经常想：为什么命运要如此残酷？为什么偏偏夺走那些我所爱的人？但随着时光流逝，我的怨恨慢慢被感激取代。我意识到，正因为生命无常，才让每一段关系变得珍贵。在一次次的痛苦中，我开始反思生命的意义。是这些“无常”，让我懂得了生命的宝贵不在于永恒的拥有，而在于每一次相遇的珍惜。

亲人的离去让我更加明白：生命的意义从未在“拥有”中停留，而是存在于“付出”与“记忆”之中。他们虽然已不在，但留给我的每一段回忆，都像夜空中的星辰，为我指引着方向。

“当你学会和失去握手言和，你便能看见无常背后的风景。”

母亲的离去让我更加珍惜与父亲的相处，而父亲的离去则让我更懂得关怀身边的每一个人。虽然亲人已不在，但他们的爱从未离开我：母亲的善良与律己、父亲的随性与豁达，仿佛刻进了我的灵魂，成了我看待人生的方式。我明白了，生命的意义从来不在于占有，而在于那些付出与记忆。

后来，在工作中，我也尽可能将母亲的教导融入行动中。她说：“用爱生活会让自己幸福，用爱工作会让别人幸福。”我将这种信念付诸实践，不仅严格要求自己，也用心培养团队，让每一位伙伴都能实现自己的成长。那些佳绩与荣誉，既是我的收获，也是献给逝去亲人的一份答卷。

生命的无常教会我释然，而释然让我以更加开阔的胸怀看待人生中的得失。我不再执着于拥有，而是用更深的爱去付出；不再沉湎于失去，而是珍惜每一次相聚。

那些与亲人的告别教会我：活在当下，珍惜每一个微小的瞬间，比起执着于拥有，要更让人感到满足。这使我能用更开阔的视角去看待生与死、聚与散，并能更加从容地面对工作和生活中所发生的变化。

告别不仅是生命的结束，更是生命的另一种延续。

生命的无常或许是残酷的，但也正因为它，我们才懂得了珍惜。每一朵花的凋谢，都预示着下一次的绽放；每一次的告别，都昭示着一次新的相遇。

04 通透：从离别中洞察人生

告别，是一种磨砺，也是一种觉醒。在一次次的离别中，我开始重新思考自己的人生。与其执着于不可能的永恒，不如将目光放在当下，将精力倾注于能够掌握的事物。

一次次的告别，像是一面面镜子，让我有机会审视生命的本质。这些告别让我明白：真正的富足，不在于物质的丰盈，而在于精神的充盈和内心的宁静。当我不再执着于追逐外在的满足，而是将注意力投向内心时，我发现我的世界变得无比清明。

每一次告别，都是一场灵魂的觉醒。它让我开始直面那些无法改变的现实，也让我重新审视自己的人生。在喧嚣中，我找到了内心的平静；在失去中，我找到了灵魂的方向。

很庆幸自己一直躬耕于教育一线，不仅拥有了一份至高无上的职业，还具备了更高的思想境界。因材施教的育人智慧让我在实操中做到用心倾听每一朵花开的声音，大道至简的生活精髓让我更好地做到了知行合一，言传身教。母亲的话总在我耳边回响："教育即生长，一切唯有感恩。"我将更多的时间和精力倾注于教育事业中，倾听每一个孩子成长的声音，看见他们在爱与鼓励中绽放自己的光芒。母亲的爱，是我一生追随的信仰。

人这一生，总会经历很多次告别，而每一次告别都是一种成长的契机。它让我懂得珍惜，也让我明白如何与自己的内心对话。我不再执着于名利与外在，不再追逐那些转瞬即逝的幻影，而是将目光投向生活中最真实、最有价值的部分，更加关注内心的需求和精神的富足。

我的生活因此变得更加简单和笃定。在喧嚣中，我找到了内心的平静；在失去中，我找到了灵魂的方向。这种通透，赋予了我从容与勇气，让我能坚定地走向生命的下一个篇章。

05 结语：在烛光中许下心愿

今天，当我在烛光前许下心愿时，我的内心充满了感恩。这些年来，离别带来的坚韧、豁达与通透，已成为我人生中最珍贵的礼物。它们让我在风雨中挺立，在失去中感恩，让我能够在人生的每一段旅途中继续前行。

我感激我的亲人留给我的爱，他们带给我的如星辰般的记忆指引着我不断前行；我感激岁月的磨砺，让我成长为更好的自己。愿在新的一岁里，我能带着这些力量，继续在生命的河流中扬帆远航。

告别，是生命赋予我们最沉重的礼物，也是成长的必经之路。它教会我们珍惜眼前人，懂得感恩与回馈。每一次回忆，都是对过去美好的致敬，也是对未来的期许。愿我们都能在离别中成长，在岁月里沉淀出更好的自己。

逐光而行：曼曼姐的 15 年公关人生路

王曼

慢聊传播创始人

哥伦比亚大学数字营销策略研究生

15 年品牌公关人

华为、东风日产、比亚迪等众多知名企业媒体传播幕后操盘手

01 时间是河，心是舟，富足是不断前行的理由

15年，时间如一条河流，或急湍，或缓慢，而我在这条河上独自摇橹，缓缓行进。从初出茅庐到历经无数风浪，最终走向属于自己的高光时刻，媒介这个领域让我尝尽了奋斗的酸甜，体会到收获的甘美，也逐渐明白了“富足”的真正含义。

有人说富足是丰厚的财富，有人说富足是良好的名声，但我逐渐领悟到，真正的富足是心灵的充盈，是投入的每一份真心、每一次坚持，最终凝结成的力量。回首一路走过的足迹，每一段故事中，我看到自己在困境中成长的印记，感受到在事业中找到自我价值的笃定。也许，这份故事不仅属于我，还属于那些为了理想而奋斗的人们。来吧，走进我的故事，和我一起去探寻这份属于内心的富足之力。

在公关媒介这个行业里，最重要的不是我们赢得了多少客户、拿到多少项目，而是我们能真正成为那道被信任的光，照亮身边的每一个人。15年，我选择坚守，选择不退缩，因为我希望自己能在这个行业中，不仅成就自己，还能为后来者铺好路。有人问我，为什么要做出这么多牺牲？答案就藏在这条路上的每一步。

02 初入行：每一条平凡的路，都能绽放自己的光芒

我们都曾经历青春，你一定理解那种对未来的渴望与迷茫交织的心情。大学毕业后，我站在人生的岔路口，感觉未来一片空白。求职过程满是挫败，接连收到保险、销售的面试邀请，但内向的性格让我对这种与人打交道的岗位心生恐惧。我曾在商场做过一阵子售货员，然而一成不变的日子，让我在货架前一遍遍地问自己，难道生活不过如此？

就在这时，一个朋友告诉我，有家小型公关公司在招人，那时我对“公关”这个词毫无概念，脑海中浮现的只有影视剧里灯红酒绿的场景。但朋友的一句“这份工作坐着干，时间相对稳定”，让我决定尝试一下。就这样，我走进了一个全新的世界。

创业公司的团队很小，老板和总监却非常愿意教我这个新人。从起初整理文件、拨打电话、预约媒体，到逐渐接触活动策划、会务执行，曾经遥远的行业术语成了我日常的一部分。我在黑夜中奋战，在白昼里学习，从一个什么都不懂的新人，蜕变成能够独当一面的公关人。就是在那时，我找到了一丝属于自己的微光。我慢慢明白，原来每一条平凡的路，只要走下去，都可以走出自己的非凡。

成长从来不是一条坦途，更多的是荆棘遍布。公关行业往往随项

目流转，人员流动频繁，我不得不一次次更换工作，经历一次次的面试并适应陌生的公司环境。这让我心情起伏不定，常常感到迷茫。有时一位领导甚至直言："你不适合干这行，换个行业吧。"这句话像一记重锤，狠狠地击中了我。我陷入了深深的自我怀疑，无数个夜晚，我独自坐在狭小的出租屋里，窗外的月光冷冷地照在桌上，我反复问自己："真的值得坚持吗?"

我曾想过放弃，但心底那股不甘却一次次将我拉回，仿佛在暗夜中听到一声低语："曼曼，你能行。"终于，在一家新公司里，我遇到了几位理解和认可我的良师益友。他们没有轻易否定我，而是告诉我，能力是需要磨砺的，是在无数次的失败中累积而成的。

深夜，我们在办公室里探讨项目细节，在紧张的发布会上齐心协力，每一次成功的合作都带给我无与伦比的满足感。那些年，我不断在逆境中重生，渐渐找回初心，磨砺了自己。逆境不是终点，而是成就自我的必经之路。

03 创业起点：有梦便去远征，友情是风帆，信任是罗盘

在公关这条路上，我遇见了一群心怀梦想的朋友。我们初识时不过是一群在黑夜里摸索方向的普通人，但彼此的陪伴与鼓励，让这段旅程多了一份踏实。友情是风，推动着我的每一步；而信任是罗盘，指引我们无畏地前行。我心底的火焰，正是因为他们的陪伴而越燃越

旺，愈发炽烈。于是，我们决定一起踏上创业的征途，要用自己的方式，赋予这个行业新鲜的血液与生机。

有人说，创业是孤独者的冒险，但我觉得，这更像是一场关于信念与梦想的远征。我们从零开始，最初不过是一个小小的团队，办公室里只有几张办公桌和一盏亮到深夜的台灯，却满怀撼动天地的勇气。每个黎明都是新生，每个黄昏都是沉淀。当项目陷入低谷、资金濒临枯竭时，我看到的是他们无言的坚持与坚韧的眼神。这条路并不平坦，荆棘丛生，但每一次想要放弃时，伙伴们那坚定的目光，总像是无声的信号，告诉我不要退缩。那一刻，我知道，只要我们同心，便无惧前路。

日复一日，我们逐渐累积起一个又一个微小的成功，慢慢得到客户的信任与肯定。我们在白天奔波于客户与项目之间，而夜晚的会议室则成为我们热血与梦想的归宿。在那些通宵达旦的夜晚，简陋的会议桌前，我们无数次畅谈理想、制订计划。夜深人静时，我常坐在窗前，望向天际星光，回忆起那些艰难却炽热的日子，眼眶不由得湿润。这场创业的旅程，让我不仅收获了事业的成就，更让我真切感受到友情的温度、信任的厚重。那是我与伙伴们共同拥有的“富足”，是我们在这段路上彼此成全的见证。

04 至暗时刻：黑夜总会过去，曙光等着那些不放弃的人

生活从来不会一帆风顺。那一年，所有的公关活动骤然停滞，项目接连搁浅，往日如火的工作变得萧瑟荒芜。我在静夜中独自坐在窗前，凝视着远方城市的灯火，心中翻涌着种种疑问：那些曾为之奔跑的激情，是否还值得坚持？那些披星戴月的努力，是否还有意义？在黑暗与静寂中，我的心仿佛被巨浪拍击，涌动着无力与孤独。

然而，就在这一片黑暗的低谷中，伙伴们依然在我身边，他们的目光平静却坚定，无怨无悔，只有对未来的信念。这一刻，那些曾一起奋斗的伙伴，仿佛成了我心中最后的一道光。看着他们眼中闪烁的光芒，我忽然明白，纵使路途漫长，我也不能后退。

于是，我收拾起被荒芜搁置的心情，带着那股无畏的坚持，重新站起。我们一次次地商讨对策，反复研究线上传播的方案，将线下活动转移到线上，将面对面的沟通变为屏幕前的交流。那段时间，我们尝试了每一种可能性，咬牙坚持，直至黎明再度降临。终于，项目逐渐复苏，我们逐渐积累起新生的力量。就在某一天的清晨，我感到自己仿佛站在山顶，迎接到了希望的第一缕曙光，温暖而耀眼，带着久违的生机。

我的至暗与高光交替，成就了今天的我。我深知，这每一刻、每一次的坚持，都是岁月回馈我的珍贵礼物。黑夜再长，也终将过去；

只要我们不放弃，曙光总会降临。那些曾在风暴中并肩的时刻，才是我一生中最珍贵的富足。

05 职业哲学：专业是基础，坚持是力量，真心是灵魂

回首这些年，我穿梭于数不清的项目与客户之间，我逐渐从忙碌的脚步中悟出了三点：专业、坚持、真心。公关行业像是无形的战场，每一个决定都如抛出的利刃，精准、果断，每一项任务都要用百分之百的专业去面对。专业，是我们迈出第一步时的根基，是我们得以从容站立在复杂局势中的底气。

但光有专业远远不够。无数次，我们在黑夜的深处敲打着键盘，做着方案，累到眼睛酸涩、背脊僵硬，却依然继续。公关行业的每一份成果，都不是一蹴而就的，它需要你咬紧牙关，历经无数个日夜的磨砺。坚持，让我们在面对挫折和质疑时依然不言放弃，是在重重压力下依然不改初衷的信念。正是这份坚持，让我们从挫折中振作起来，带着不屈的灵魂一路向前。

而所有的坚守，最终都汇聚在那颗真诚的心中。真心，是这份职业的灵魂，是我们面对客户时一颗赤诚的心。我们倾注情感，不是为了交换利益，而是为了让信任在彼此间建立，成为那条不可替代的桥梁。唯有用真心对待每一个客户、每一个项目，才能让我们在行业中立足，也让我们能在每次付出后获得内心的富足。

我的故事，早已不只是我一个人的故事，它属于每一个在职场中挣扎、成长、坚持的灵魂。每一次的挑战、每一次的疲惫都是我们脚下的阶梯，带领我们一点点攀向更高的远方。我希望我的经历能带给你力量，愿你也能找到属于你的“富足”，在自己所热爱的事业中，勇敢且执着地闪耀。

06 富足是内心的宁静，成长是最美的财富

我始终坚信，真正的“富足”并非金钱与权力的象征，而是一种源自内心的安宁，是每一个不为人知的夜晚中所打磨的自我，是在历经无数次挑战后所成就的丰盈。富足，是我们一次次跌倒重来后，依然带着微笑和希望，抬头望向前路的从容与笃定。它是对自我价值的深刻认同，是我们在这片滚滚红尘中找到属于自己的位置、坚持走下去的信仰。那些曾经的质疑与退缩，成就了今天的我。

走到这里，我看见自己的成长，看见那些曾流下的眼泪，看见了与我一同并肩奋战的伙伴。我明白，正是这些点点滴滴的积累，让我心底拥有了这份从容的富足。亲爱的读者，也许你也正面临自己的至暗时刻，但请相信，只要坚持下去，光明终会到来。停下片刻，看看曾经的初心，感受一路走来的坚持，你会发现，富足的力量早已蕴藏在你的心中，等待你去绽放。

一直向前走，直到自己成为路

无味

本名黎敏

2001 年进入茶行业，业余爱好园艺、读书、旅行

国家级茶艺技师、茶艺师考评员、茶疗培训师、茶疗师考评员、北京广播电视台茶叶类节目常驻嘉宾、中央人民广播电台《幸福习茶课》嘉宾

我大学的专业是生物教育学，但我严重偏科到植物学，并且酷爱野生植物。所以自2003年以后，我每年进行2—3次以无人区野生植物观察和拍摄为目的的户外徒步，为此还在21世纪初的论坛时代，创办“山花浪漫”论坛。那时候的座右铭是：零落成泥碾作尘，只有香如故。

01 误打误撞，一入茶行深似海

我是客家人，从小就随阿公喝铁观音，但从没想到会进入茶行业。我本科读的是师范大学生物专业，毕业当了几年老师之后，在表哥的展览公司做市场方面工作。

2000年的时候，朋友说他们公司在北京二环边的写字楼里，老板是海归，租下写字楼的二层。有个闲置了一年多的跑马廊，大约400多平方米。他们想在这里开一家咖啡馆，让我帮忙找找有没有朋友懂咖啡馆经营的。

于是我请教在五星级酒店工作的老大哥过来看一看。老大哥看完之后说这面积太大了，咖啡馆一般就几十平方米的小店才有个性和味道，没听说过有这么大的咖啡馆。但他转头跟我说，这个场地用来开茶馆可能还是蛮合适的。

我们的圈子里，正好有朋友的朋友在马连道卖茶。于是大家一碰头，觉得可以考虑做茶馆。然后我跑遍北京城的茶馆做市场调研，研究对方的商业模式，照猫画虎。

创业初期，原则上是以最少的资金办事，一分钱掰成两半花。最初的三位股东中，我最小，还在公司打工。

当时我们考虑到空间面积大，租金高，要让它发挥最大价值，因此同步注册了茶馆和古典家具公司，同址经营。我们认为这两个消费群体会有很大的重叠，二者叠加会给我们带来更多的消费人群。所以当时二股东动用了他的人脉关系，筹集了大量仿古和旧家具代销展卖。当然店用家具是我们定制并买下来的，毕竟经营用家具需要固定的规格和款式的一致性。所以，我们用很少的钱，撑起了一个看起来大了数倍资金量的空间。

在我和大股东的资金还没有完全到位的时候，二股东在某个周末带来他的女伴。后来我们才知道，他的女伴想要这个地方，出了个主意让二股东把我们挤走。一番操作之后，二股东被她的方案反噬。气急败坏之余，一夜之间撤走了以公司名义签约代销的家具。那天中午，四个员工都没来上班，我们去宿舍查看，已经人去楼空。二股东把员工也连带着弄走了，而两天之后是我们对外邀请了很多朋友的试营业日。

在筹备茶馆的市场调研中，我们发现北京的茶馆基本上都在喝台湾茶，当时的消费模式就是按份儿来算。一份茶大概30—40克左右，起步价在两三百块钱，贵的过千。如果这次没喝完，客人可以存茶，下次再来的时候，只需要按位支付10—30元的水费。

随后我们在马连道茶叶市场选购台湾茶，结果发现所有的台湾茶都有苦味，与我们在茶馆里喝到的茶完全不一样。后来才知道，这些茶并不是台湾茶，而是台式茶，即福建的原料，用中国台湾的工艺制作。

找不到好喝的台湾茶，我们决定走一条不一样的路。别人做台湾茶，我们就做福建茶。于是，我给在福建生活的表哥打电话，请他帮我推荐做铁观音的茶厂。表哥第二天就回了电话，说他的老师推荐了安溪的铁观音茶王，并马上把“茶王”的电话发了过来。

这位“茶王”是在千禧年铁观音制茶大赛中，从一万个茶样里脱颖而出的金奖得主。这一万个茶样是专家们通过一轮一轮的盲品筛选出来的，含金量非常高。我马上打电话过去，就是这么巧，“茶王”彼时正在北京参加农业博览会。

在展会现场，“茶王”听了我们来意，随后给我们泡了几款茶。当时我们几个茶小白虽然不懂茶，但是对于好喝与否还是有谱的，毕竟都是从小喝茶长大的。“茶王”的铁观音，确实与众不同。茶博会结束后，“茶王”带着他的茶来到我们店里，最终我们把他在茶博会上没有卖掉的那些高端的产品都留了下来。当年有一款兰花香的茶我记得特别清楚，“茶王”建议我们称之为“金奖铁观音”。当时他告诉我们，这款铁观音即使在福建省也是顶尖的存在，鲜有与之匹敌的，在北京可以作为“镇店之宝”。临行前，“茶王”邀请我们秋天去茶山，与他一起实地考察，深入了解。于是，我们开启了以茶山为原料基地的选茶生涯，春秋两个产茶季我基本都是出没在各个茶区。翻山越岭，踏破铁鞋，以寻茶为乐，以传播完整和恰当的认知为职责。我负责茶山寻茶，我的合伙人负责在北京的茶文化教学。一转眼，23年过去了。

02 遇见茶疗，扛起使命的重担

第一次听到“茶疗”是在新冠疫情期间。当时我在搜集资料，看到了“茶疗”，转而就搜到了“中医茶疗法”。看到有一本书，马上下单买了。粗读之后，觉得书中老师的观点我特别能接受。但是因为这本书是理论知识，老师又在香港，疫情期间不方便联络，就放下了对这件事的关注。

新冠疫情之后，我们在菜市口开了新的门店。有一天，店里的小伙伴跟我说，有一个老学员想要跟我们合作一个茶疗课程，想约我谈谈。我内心的第一反应是：什么妖魔鬼怪？我回她说：“让她先把资料发过来，我看看。”小伙伴把资料发过来的时候，我一看到卫明两个字，立马就坐直了身子。我说：“我有空，赶紧约。”为什么这么激动呢？因为《中国茶疗法》的作者就是卫明。

确定开课的时候，我的心里是惴惴不安的。泰元坊这20多年来，所有引进的课程都是经过至少两位决策者听课或者听试讲，确定内容和主讲人的表达之后，我们才会引进。但这次离通知开课的时间只剩下两周，我已经来不及去试听了。

接着，我在微信朋友圈里面发布招生信息，同步一对一联系我认为可能对茶疗感兴趣的朋友，问问他们是否有兴趣来学习茶疗。某天我在朋友圈里发了一段卫明老师介绍他为什么做茶疗的视频，马上就有一个小伙伴留言说："哎呀，这是我的研究生导师呀！"这是位很相熟的小伙伴，不过我只知道她是云南农业大学茶学系的本科毕业生，还并不知道她是在香港浸会大学读的研究生，师从卫明教授。因为信任这个小伙伴，所以我们马上打电话问她这位老师的情况。小伙伴说："他是一位学者，不是商人。"这打消了我最大的顾虑。

接下来的三天课程是打破认知的过程。我不仅从同学、老师身上，还从整个理论体系中看到了中国茶疗法的神奇功效。同时，也解决了我对于中国茶疗法在治病机理上的一些疑问。我们以往20多年讲茶的过程中，对茶叶各种物质成分的功效都是点到为止，从来不展开介绍。在茶与健康的诸多方面，内心也积累了很多的疑问。

茶疗是从何时就有的呢？可以说从人类开始用茶，就有茶疗了。茶叶，从汉代被列为药品，到唐代进入国家药典，一路发展到清朝达到了顶峰。在巅峰时期，有百来个茶疗方可以治疗疾病。但是从1840年第一次鸦片战争开始，茶疗断了传承。而卫老师花了近20年的工夫，一点一点地把它们梳理出来，并且在这个过程中找到了对应的茶，做了大量临证实验。三天课程让我建立了对中国茶疗法的信任，刷新和补足了部分对茶的认知。

课后第三天的晚上10：30，老爸最先成为我的“小白鼠”。那晚他突然胃疼呕吐，一问才知是晚上聚会吃了很多烤鸭，回家又吃了苹果和榴梿。于是我跟他商量，打消了老爸对于喝茶影响睡眠和增加夜尿频率的顾虑。烧水泡茶，老人家喝下三杯后开始打嗝，五杯之后他说喝饱了，胃不疼了，要去睡觉。那晚我是如此开心，做茶22年，这是第一次如此精准有效地为家人缓解病痛。写下茶疗笔记的时候，已经听到老爸的鼾声。

老妈的膝盖有老年性关节痛，遇冷就疼。喝了大概一个月左右的另一款茶疗方，她的症状得到了有效缓解。之后，我又带她去做正骨、针刺放血等治疗，清理她腿上的淤血和杂物。经过半年的治疗后，她的腿不疼了。以前让她到小区散步，她都很抗拒，因为腿疼，现在走一两公里没问题。

闺蜜是一个西医，通过几次茶疗，她的问题都在半小时左右得到缓解。因此，她对茶疗非常认可，成了茶疗的粉丝。

课后一个多月，我的实践案例积累到超过50个的时候，我向卫明老师提出引入茶疗项目的申请，很快就获得了批准。

在我继续深入学习茶疗法的过程中，我发现卫老师对我们每一个学生的学习状态有着深刻的洞见，表现出来就是神一样的指点。常常初听老师的解释时并不能理解，等过一段时间，老师说的就都一一印证。老实说，在茶行业积累了20多年经验，我对自己的专业能力很自信。卫老师从中医跨界过来，在茶专业的许多底层认知上有超出行业普遍认知的洞察，尤其是他对茶与人体关联的种种解读，常常令我恍然大悟。后来，通过老师对我父亲、表妹疑难杂症诊断方向的指引，我发现老师不仅懂中医，还对西医有很多了解。

正如老师自己所说，陈可冀老先生对他的影响非常大。我在老师解读案例的过程中，深刻理解了什么是真正的中西医结合。以前，我认为中、西医来自完全不同的哲学体系，怎么能够结合到一起呢？但是卫老师从不排斥西医的检查结果，他说如果这些手段能够检查到中医看不到的东西，我们为什么不以此为依据来辅助我们判断病人到底哪里出了问题，应该如何去诊断和治疗呢？

跟着卫老师学习，我看到了中国茶疗法对于健康能够起到的重要作用。如果每个家庭都能有一位母亲或者父亲会使用茶疗法，我们得少吃多少药？同时，会让更多的人把喝茶当作一种养生保健的生活方式来享受，使茶文化的传承成为一种更加自然而顺理成章的过程。

老师说过，他年纪大了，系统已经搭建好，他要继续做的还是在茶疗的学术和临床研究方面钻研。而商业的推广，让更多的人知道茶疗，是他希望我们去做的事情。他希望未来有几个价值观一致的学生，能够将这个担子接过去，他就可以慢慢地在他最有兴趣的配方研究上投入更多的精力。

于我而言，卫明教授和中国茶疗法，是2023到2024年之间挖到的最大宝藏。对我们民族茶文化传承的非凡意义，通过积累了20余年的经验能帮助到别人时所获得的成就感，光这两条已经足以支撑和激励我的下半生以传承和发展茶疗为使命。

接下来的座右铭，也是以后的墓志铭：一直向前走，直到自己成为路。

侍花闲度日，多是为清香

黄芳

- 集艺花传创始人
- 中华花艺文教基金会资深教授
- 厦门市风景园林学会插花分会副会长
- 厦门市绿化中心专家咨询平台插花艺术栏目专家

“水陆草木之花，可爱者甚蕃。”笑对花开，静观花落，从大自然的流转中，我们得以体悟生命的真谛与深远，唯有宁静的心境，方能引领我们走向更高的境界。

花，作为天地间的灵秀之物，其美丽不仅在于姿色，更在于深藏于内的神骨与韵味。赏花，不仅是悦目之娱，更是心灵之旅，只有当我们真正理解并欣赏花的独特气质与精神时，才能深切感受到其中的无尽情趣。

01 花之韵味与生命哲理

中国人自古便对花情有独钟，视花为灵性之物、美的化身，以及幸福的象征。赏花时，我们不仅会关注花的色彩与姿容，更看重花所蕴含的人格寓意与精神力量。每一朵花，都是生命成长的见证，它们无论面对何种环境，都能坚韧不拔地破土而出，奋力生长。这不仅是生命力量的展现，更是对人生奋斗意义的暗喻。

黄芳想要找寻的不仅仅是美，如果只有视觉上的美，那太单薄了，美应该传递给人坚持的力量。

在插花艺术绚烂如织、繁花似锦的斑斓世界里，黄芳深刻体悟到了生命那股不可遏制的蓬勃力量。对花的挚爱，对美好事物的追求，正是黄芳与中华花艺结下不解之缘时所怀揣的那颗纯真而质朴的初心。

中华花艺作为中国传统插花艺术的主要表现形式之一,受中国传统文化的滋养,钟自然山川之灵秀,寓世间万象之精华；讲究自然美、线条美、意境美、整体美的艺术特征，在世界插花艺术殿堂中独树一帜，风采卓绝。

中国古典插花艺术源于六朝、兴于唐宋、完善于明清，传介于日韩诸国，影响深远，式微于近代战乱。黄永川先生自幼学习书画，曾任台湾历史博物馆馆长、台湾师范大学艺术系教授，精研中国美术史论、文物鉴定、中国插花史，于1986年创立中华花艺文教基金会，推广、复兴中华花艺。该会以复兴中华花艺为己任，梳理花艺史纲、明晰理论渊源，统筹教学体系，是迄今为止两岸最早、保持最完整传承传统插花艺术的先行者。

黄芳宛如一位勇敢的旅者，毅然踏上了探寻与挖掘中国传统插花技艺这条充满未知与挑战的艺术道路。在这条道路上，黄芳的每一步都凝聚着坚定的信念与不懈的努力。在中华花艺文教基金会，她有幸遇见了创会元老、资深花艺教授黄美香。黄美香教授是一位德高望重的花艺大师，对中华花艺怀揣着无比深厚的情感。

面对黄芳那真挚而炽热的求学之心，松鹤之龄的黄美香教授欣然接纳她为弟子。从此，黄芳便在黄美香教授的悉心引领下，步入了花艺殿堂。岁月悠悠，她始终保持着那份对美的追求与向往，不辞辛劳地穿梭于海峡两岸，只为探寻那隐匿于时光深处的中华花艺真谛。在这里，她不仅领略到了插花技艺的精湛与细腻，更在修习中深刻体悟到了中华花艺背后那深厚的历史文化底蕴与深邃的哲学智慧。

师徒之间，情谊绵长。这段难得的师徒情缘，不仅让黄芳的插花技艺得到了质的飞跃，更让她在心灵深处对中华花艺的传承之道有了更为透彻的领悟与把握。她深知，传承与发扬中华花艺，绝非一朝一夕之功，而是需要历经岁月的洗礼与积淀，才能焕发出更加璀璨的光芒。

在中华花艺严苛的教学系统和传承体系中，黄芳潜心研修着门类纷杂的知识，包括历史、文学、植物、色彩、绘画、环境……寻觅古典插花本源，领悟其中妙趣，砥砺琢磨，乐此不疲。

时光荏苒，转瞬之间，二十余载春秋悠悠而逝。在这漫长的岁月里，黄芳始终如一地深耕于中华花艺，以坚定的信念与不懈的努力，默默书写着属于自己的花艺篇章。她的花艺作品，既精妙地汲取了大自然之精髓，又蕴含着她内心丰富的感悟与情怀，真正达到了外师造化，中得心源的艺术境界。

这些插花作品的每一处细节都流露出一种返璞归真、顺应自然的东方哲学智慧，让观者在品味之余，不由自主地沉醉于那份超然物外、恬静淡雅的美好之中。

02 侍花悟道，传承文化之美

插花造境，黄芳始终保持着对花艺的无比热爱与敬畏之心，她如同一位虔诚的守护者，不断精进自己的技艺，呵护着这种美好的艺术。同时，她也积极投身于中华花艺的传承与推广之中，致力于将这份艺术之美传递给更多的人。在她的不懈努力下，中华花艺的光芒逐渐在更广阔的舞台上闪耀，为无数人的心灵带来了美的享受与温暖的慰藉，共同绘制出一幅幅瑰丽绚烂的画卷。

如何将大自然的壮丽与细腻，以及四季的轮回与变迁，巧妙地融入花境中，让人们领略到大自然的无限魅力，是花艺家毕生思考的命题。有的造型独特，展现出插花者的非凡创意与丰富的想象力，仿佛每一件作品都是一个奇幻而神秘的世界，等待着人们去探索和发现；有的映心象之幽，通过花卉的排列组合，巧妙地传达出创作者内心的情感与思绪，让人们感受到那份细腻而真挚的情感；还有的以花为媒抒发理念，传递着对人生、自然、宇宙的深刻感悟与独到见解，让人们领略到超凡脱俗的智慧与哲思。

03 中华花艺的传承与推广

2014年，黄芳在海滨城市厦门创办了集艺花传艺术插花讲堂。这位曾经跨越海峡求学的学生，经过多年的努力与蜕变，如今已经成为一位花艺家。她的讲堂不仅吸引了来自大江南北的学生，更让中华花艺传统插花的精髓广泛传播，真正实现了桃李满天下的宏愿。

在黄芳的艺术讲堂中，她不仅传授插花技巧与美学，更将中华传统文化的深厚底蕴融入其中。她深知中华花艺作为中国传统文化的瑰宝，承载着几千年的历史与文化之美。因此，她致力于推广与传承这一传统艺术，希望让更多的人领略到其独特的魅力与价值。

黄芳的愿望是通过她的艺术讲堂，将中华花艺的美展现在现代人的日常生活中，让传统文化的馨香留在每个人的心中。她相信，通过创作与传播，中华花艺定能在现代社会开花结果，薪传不辍。在她的引领下，她的学生不仅学会了插花技艺，更深刻感受到了传统文化的博大精深与独特韵味。

如今，黄芳的学生已经遍布全国各地，他们不仅将中华花艺的美带到了更广阔的天地，更成为传承与发扬这一传统艺术的生力军。在这里，每一个人都能找到属于自己的那份宁静与美好，学会用更加敏感细腻的心去欣赏、传承这份宝贵的文化遗产。黄芳不仅传授着插花技巧与美学，更是在编织着一个又一个关于自然、生命的梦幻篇章。那些看似静默无声的花朵与枝叶，在她的巧手下，被赋予了新的生命与意义，它们不再仅仅是自然界中的寻常之物，而是成了承载情感、传递哲思的使者。

择花如友，取器比邻。每一朵花都仿佛是尘世中的知己，它们以独有的姿态诉说着季节的密语，而我们则以细腻的心，去倾听、去感悟。插花时，器物的选择搭配，并非随意之举，它们不仅是花的衬托，更是与花相得益彰的邻伴，共同营造出一种超脱尘嚣的雅致氛围。

品花时，花儿教我们学会了节制与尊重，懂得欣赏每一朵花的独特韵味，就如同在纷繁复杂的人生旅途中，寻找属于自己的宁静与淡泊。赏花有德，不仅是对花卉之美的赞叹，更是对生命之美的敬畏，它教会我们以一颗谦卑之心，去拥抱这个世界的每一个细微之处。

沐花有候，是对自然规律的深刻领悟，也是对生活节奏的准确把握。在四季更迭的轮回中，每一朵花都有其盛开的最佳时刻，而我们则需以一颗敏感细腻的心，去感受这生命的律动，去把握那稍纵即逝的美好。草木花叶，光临人间的岁月是如此短暂。在花草尽情绽放之时，将它塑造成最好的模样，人与自然共为一体。这是中华花艺，也是属于中国人的丰盛而诗意的日常美学。

04《花知时节》与自然的对话

经历数十年与花相伴的岁月，黄芳越发领悟到：每一季都有应时的花朵。作为花艺家，和花木植物相处，就是一种温柔的慰藉。每一次插花创作，都是在传承中华千年文脉。

为了将中华花艺的美好传播到更遥远的地方，黄芳以其独到的匠心与非凡的创意，将大自然轮回不息的四时节序巧妙地融入她的艺术插花讲堂，宛如绘制一幅幅流动的季节画卷。她用视觉语言表现出春的生机勃勃、夏的热情奔放、秋的硕果累累、冬的静谧深邃，生动地勾勒出四季更迭的绝美景致，更在这绚烂多彩的自然图景中，深嵌了对人生的深刻感悟与哲思，每一朵花、每一片叶仿佛都在诉说着生命的真谛与宇宙的奥秘。

2020—2023年，黄芳踏上了一场心灵与自然对话的非凡旅程。她心中怀揣着一个温暖而崇高的愿景——引领更多人于纷繁尘世中，领悟那枯荣交替、花开花落的自然规律，以及万物更迭不息的奥秘，从而培养出对天地间每一个生命的敬畏和珍视之心。

不畏路途遥远与风霜雨雪，她的足迹如诗如画般镌刻在八闽大地的山川河流之间。整整三年，她耐心而细致地捕捉着大自然最为真挚动人的瞬间——春日里桃花笑春风的娇羞，夏日中荷花映日红的热烈，秋风下菊花傲霜黄的坚韧，冬雪里梅花凌寒独自开的清绝。一幅幅生动而富有哲理的插花作品，使古老而优雅的艺术形式在现代社会重新焕发光彩，成为连接人与自然的桥梁。

终于，在不懈努力与无尽的灵感碰撞中，《花知时节》二十四节气系列影像作品应运而生。每一帧画面，都以其温柔而坚韧的力量，悄无声息地滋养着每一位观者的心田，让人们在百忙之中寻得一片宁静的思考空间，感悟生命与自然界的伟大。

观赏《花知时节》，人们仿佛穿越了时空的界限，踏入了一个既超脱又真实的诗意与画意交织的山水花境。这里，四季的韵味如同悠扬的乐章，在心灵的湖面上轻轻荡漾；生命的律动则如同细雨悄无声息地滋润着渴望安宁的心田。在快节奏、压力大的现代社会，黄芳的讲堂成了一片难能可贵的避风港，让人们在纷扰与喧嚣中找到了一个可以安放灵魂、静享时光的温馨港湾。

05 插花之道：心灵的富足与修行

从黄芳的插花作品中可以看到她对生活的无限热爱、对自然的深深敬畏，以及对古典文化的由衷尊崇。这些作品，静静地诉说着关于爱、关于美、关于生活的动人故事。

当插花艺术不再是仅仅停留在书本上的理论，而是真正融入了人们的日常生活，成为连接内心与外界的桥梁时，黄芳心中的愿景终于成为现实，她将自己对生活的热爱、对自然的敬畏，以及对古典文化的尊崇都融入这些作品之中。当人们驻足在这些作品前，仿佛能够听到花朵与枝叶的低语，感受到它们的温度与力量。

她希望大家能够学会用一颗更加敏感细腻的心，去欣赏周遭的一切美好事物，热爱这个世界，珍惜自己的生活，拥抱当下的幸福。这正是黄芳想要通过花艺送给每一个人的珍贵礼物。

观花悟道，每一朵花仿佛都在诉说着自己的故事。花的姿态、色彩和香气，向我们展现了生命的坚韧与美好，而无论是盛开还是凋零，都是生命不可多得的馈赠。

从梦想启航到引领变革——我的职业生涯富足之旅

星空

世界 500 强企业财务高管（通用电气、柯达、艾尔建集团、艾伯维）•

企业商业模式搭建顾问 •

企业并购与运营顾问 •

中国注册会计师、英国皇家特许会计师 •

在人生的长河中，每个人都是自己命运的舵手，驾驭着梦想之舟，穿越风雨，驶向未知的远方。从财经大学的国际金融专业毕业生，到上海央企的财务人员，再到跨国公司的财务主管，直至成为引领行业变革的企业高管，我的故事是一场关于勇气、坚持与自我超越的旅程。这段磨砺之旅见证了无数汗水与智慧的凝结，它是我内心富足力量的源泉——它不仅仅是财富的积累，更是心灵的充实、精神的丰盈与生活的平衡。

01 启航——大学殿堂的梦想播种

多年前的那个夏天，带着对国际金融的无限憧憬，我踏入了财经大学的国际金融专业殿堂。那是一个充满活力与挑战的环境，每一天都仿佛是知识的盛宴。我凭借对经济学原理、会计学精髓以及金融理论的浓厚兴趣，如饥似渴地吸收着每一滴知识的甘露，这些知识如同一扇扇新世界的大门，为我打开了广阔的视野。在学术竞赛中，我不仅锻炼了自己的实践能力，更学会了如何在团队协作中发光发热。每一次站在讲台上的演讲，每一场团队合作中的默契配合，都让我逐渐成长为一个自信、坚韧且善于沟通的人。这些经历如同一颗颗种子，在我的心中生根发芽，为日后的职业道路奠定了坚实的基础。

02 职场生涯

毕业后，我有幸加入上海一家知名的央企。面对全新的工作环境，我既兴奋又紧张。但很快，我就意识到这是一个将理论知识转化为实践技能的绝佳机会。我迅速融入财务岗位，熟悉工作流程，掌握了成本核算和账目管理等基本技能。每当看到自己亲手整理的财务报表得到领导的认可时，那份成就感便油然而生。这份工作不仅让我深刻体会到财务工作的严谨性和重要性，更让我学会了如何在压力下保持冷静，如何高效解决问题，更为我日后的职业晋升打下了坚实的基础。

一年后，我被调任至一家合资企业担任主管会计，这次转变对我来说既是机遇也是挑战。合资企业的工作环境更加国际化，对财务管理的要求也更为严格。我开始接触更多前沿的财务管理理念和技术，不断拓宽自己的视野。在合资企业的3年时间里，我从主管会计晋升为财务主管。在这个过程中，我经历了从会计职员到经理的转变，不仅要求具备扎实的专业技能，还要有良好的沟通能力和团队协作精神。我开始更加注重与同事的沟通与合作，努力营造一种和谐高效的工作氛围。同时，我也积极参与公司的各项决策过程，为公司的发展贡献自己的力量。

正当我在职业生涯中稳步前进时，一次偶然的机会让我接触到一家著名外资跨国A公司的招聘信息。这是一家美资上市公司，它以独特的企业文化和卓越的创新能力吸引了我的注意。经过一番深思熟虑，我决定辞去稳定的工作，勇敢地迈出这一步，加入这个大家庭。

刚加入公司时，我就经历了长达一周的Six Sigma（六西格玛）培训。这套方法论强调数据驱动和持续改进，让我对财务管理有了全新的认识。我开始尝试将Six Sigma的理念应用到日常工作中，不断优化流程、提高效率、降低成本。通过不懈努力和实践，我成功获得了Six Sigma黑带认证这一荣誉。

在A公司工作的7年时间里，我得到了多方面的历练。我先后在会计、税务、资金管理、财务分析预测等多个岗位上工作过，每个岗位都让我受益匪浅。我学会了运用先进的财务管理工具和方法进行数据分析和预测，与不同部门的同事有效沟通协作，在高压环境下保持冷静并做出正确的决策。更重要的是，我逐渐形成了自己的管理风格和领导能力。我相信每一位员工都有其独特的价值和潜力等待被发掘；我注重培养员工的自主性和创新能力；我鼓励团队成员勇于尝试新事物并从失败中汲取教训。这些经历让我更加坚定了自己成为一名优秀职业经理人的决心和信心。

2008年对于全球金融市场而言是动荡不安的一年，但对我个人而言却是充满机遇与挑战的一年。这一年我成为B公司大中华区财务控制主管，负责范围包括中国大陆、中国香港和中国台湾地区。在这个岗位上我需要向海外的主管汇报工作，这对我来说是一个全新的挑战，也是一个锻炼跨区域、跨文化交流能力和风险控制能力的好机会。

在B公司的这段时间里我深刻体会到了跨文化交流的重要性和复杂性。不同地区有着不同的文化背景、商业习惯和法律法规，这要求我在日常工作中必须具备高度的文化敏感性和适应能力。同时，我也学会了在多元化的团队中发挥领导力，有效地整合资源以实现组织目标。这些经历让我更加成熟和自信，也为我未来的职业发展奠定了坚实的基础。

然而，随着时间的推移，我开始意识到B公司虽然曾经辉煌一时，但在面对快速变化的市场环境和激烈的市场竞争时显得力不从心，一个缺乏创新思维的公司终将被时代淘汰，这是无法回避的事实。因此，我开始思考自己未来该何去何从。

03 跨国C公司的创业之旅

2009年5月，一个偶然的机会让我遇到了跨国C公司，这是一家医药医疗美国上市公司。虽然当时它在中国还没有办公室，但我和我先生进行深入调查研究后，认为这家公司具有巨大的发展潜力和广阔的市场前景。首先，它的主业是风口行业——医疗美容行业，这是一个有高科技含量的行业，虽然在当时的中国尚处于萌芽阶段，但这家公司在全球已经是行业翘楚；其次，这些产品在全球的口碑非常好，市场认可度高，复购率高；最后，作为一家跨国公司，它拥有亮眼的财务业绩，即便是在经济危机的时候，该公司的销售业绩仍以每年20%~25%的速度增长，利润也是正增长，并拥有健康的现金流。基于以上原因，我毅然决然地加入了这家名不见经传的公司，开启了我的外企创业之旅。

在加入C公司初期，我们面临着诸多困难和挑战，作为财务主管，我的角色已远远超越了传统的财务管理范畴，除了要搭建公司财务架构、建立财务制度、建设财务系统外，还要负责公司合规管理、采购管理、公司产品定位和预算分配等一系列工作，我们和公司管理层经历了最艰难的3年亏空期，一边要招兵买马，一边还要和原来的分销商谈判拿回经营权，同时，还要配合其他部门与药监局等政府部门沟通获得产品上市审批。然而，正是这些艰难的时刻让我们更加团结和坚定，也让我们学会了在逆境中寻找机遇、在挑战中成长。

2012年，我们终于迎来了公司的第一个里程碑——扭亏为盈，从那时起公司进入了快速成长期，每年的销售额都以两位数的速度增长。2015年，我们迎来了第二个里程碑——我们已经成为亚太区业绩第一名，公司也从一家小型公司逐渐成长为中型公司。2016年，我们又迎来了第三个里程碑——我们的业绩成为全球发展仅次于美国市场的第二大经济体，并成为中国市场的领头羊。为了让公司实现从线性增长向指数型增长迈进，我们于2019年分别在西部建立了医疗培训中心，负责所有医生的培训教育；在上海成立了贸易公司，直接进口经营，随着业务的不断扩大，我们于2022年又在上海成立了医疗培训中心，以扩大医生培训规模。至此，我们在国内成立了4家公司，从咨询服务到贸易公司，再到医疗培训中心，全方位驱动业务在中国市场发展。我们不仅开办医学院，还成立商学院，积极配合政府部门建设营商环境，搭建平台为我们的合作伙伴创造交流学习的机会。在此期间，我也不忘提高自身的知识素养，通过两年勤奋刻苦的学习，我荣幸地拿到了美国哥伦比亚大学首席财务官课程的毕业证书。

因为公司在全球业绩快速增长，当时的C公司也成为各大资本竞相追逐的目标，我们在过去10年中先后经历了3次被并购，每次并购之初我们都面临着文化差异、部门重叠及员工安置等诸多问题。作为财务负责人之一，我参与了并购后的整合规划，包括财务系统的对接、业务流程的优化以及人员的妥善安排。那段时间，我们几乎每天都在开会讨论方案、协调资源，晚上加班成为常态，但正是这样的高强度工作，让我们在短时间内完成了整合任务，实现了业务的平稳过渡并保持业绩的持续增长。

这3次并购经历让我深刻体会到了并购整合的复杂性和艰巨性。它不仅仅是简单的资产相加，更是战略协同、文化融合和团队再造的过程。每一次并购都是一次新的学习机会，我学会了在变化中寻求稳定，在挑战中抓住机遇。我也深刻感受到了并购对于个人和企业成长的巨大推动作用，它促使我们不断走出舒适区，勇于尝试新事物，持续创新和进步。

04 富足之路，未完待续

回顾我的职业生涯，从初出茅庐的大学生到跨国公司的高级管理人员，这一路走来，每一步都充满了挑战与机遇，每一次的选择，每一次的努力，都是我通往富足人生的必经之路。富足，于我而言，不仅仅是物质财富的积累，更是精神世界的丰富、人际关系的和谐以及对社会的贡献。

对于未来，我有着清晰的规划和目标,我希望继续深耕医疗、美容、大健康行业，推动行业的健康发展，为更多消费者带来美丽、健康和自信，我还计划拓展国际市场，将中国的优质产品和服务推向全球，同时把国外先进理念和产品引入中国，让更多的人享受到科技带来的美好生活。

我将继续秉持着学习的心态，不断探索未知，勇于接受新的挑战。我相信，只要心中有梦，脚下就有路。在这条通往富足人生的路上，我将不忘初心，砥砺前行。感谢所有支持和帮助过我的人，是你们的陪伴和鼓励让我坚持走到了今天，未来我将继续努力，不辜负大家的期望和信任，为社会创造更多的价值，同时希望能够激励更多的人勇敢追梦，共同创造一个更加美好的世界。

乘风破浪，挂帆济海

宋宛霖

国家高级公共营养师

家庭教育咨询师

我出生在山城重庆一个公务员、教师之家，从小学习成绩挺好，一、二年级都是全年级第一。三年级开始，我开始偏科，数学成绩下滑，妈妈说是因为换了数学老师，导致我数学学起来很吃力，也有可能是我天生对数字不太敏感，但我对语言、拼音却有些许天赋。

01 从小与文字结下良缘

我妈说我小时候嘴巴可甜了，早上上幼儿园，要跟鸡咯咯说拜拜；吃饭太烫了，要叫电扇叔叔吹；看见电视上有人吹笛子，我说他是在咬木棍。想想我的童年还是蛮有趣的!

我天生对语言文字敏感，从小学到高中，我的作文经常被老师当成范文来读。在大学里，也因发表一篇《红岩魂》的文章而获奖。我因此非常有成就感，觉得写文章应该是我的天赋，从此我就跟文字结下了良缘。

我一直想逃离数学，但是阴差阳错，在亲戚的建议下，我居然选了金融这一专业，本想着好不容易高考完可以远离数学了，没想到还是跟数学脱离不了干系。

大一、大二期间，我发现我们宿舍的室友数学都蛮好的，不怎么用功都能拿到奖学金。而我无论怎么苦学，微积分、会计都考不好，而且上有关数学的课，像是在听天书，老打瞌睡，下课去弥补也非常吃力。但所有有关文字的课程，我都学得挺好，可以拿到高分。

大二下学期，可以分专业，我索性选择了传媒经济专业，一个与文字更多相关的专业。换了专业，我简直如鱼得水，得心应手，考试如有神助，居然还拿到了奖学金。这是我万万没想到的，原来在自己喜欢的领域扎根，居然能这么游刃有余地获得成就。

大四下学期，我开始实习，在一家制造业咨询公司当销售顾问，虽然专业不对口，但是我知道销售很锻炼人，也是一个传播工作。实习半年，我也积累了很多不能用金钱衡量的工作经验。当第一笔工资发下来，我给了妈妈一百块，虽然不多，但这是我人生中第一次挣钱，可以回馈父母了，父母也为我感到欣慰!

02 什么样的年纪就该做什么样的事情

实习结束后，我干爹、干妈叫我去他们的钢铁厂当会计。虽然是很简单的开收据的工作，但我好像一点都不感兴趣；虽然轻松，但我觉得学的东西太有限了，而且我不喜欢寄人篱下的感觉，我觉得年轻时应该去闯一闯，接触外面的大世界，去结高人，长本领。

在跟我爸妈几番磨合下，我决定去上海闯荡。虽然当时上海于我是很陌生的城市，但依然阻止不了我想要闯一闯的勇气和决心。面对未知的挑战，我内心既兴奋又紧张，但我知道这是一次难得的成长机会。

我在上海的第一份工作是给室内装潢公司当数据统计员，整天盯着电脑校数据，终于可以靠自己辛勤工作，在上海自给自足了，我真为自己感到开心!

一天朝九晚五地认真工作，日子过得也算充实，公司的氛围也挺好，大家也都很热心，我们相处得也很融洽，感觉找到了人生的价值所在！不过，做久了觉得也是很枯燥的，没什么技术含量，没有多大的上升空间。

后来，我换了一家服装品牌策划公司，帮一个英国留学归来的单亲女老板做文案编辑，这是一家初创型小公司，我要做文案编辑、行政社保，甚至要做招聘的工作。老板很有魄力和事业心，她也很器重我，经常带我去商务洽谈。虽然我偶尔也会加班，有时也会帮她看小孩，但是对于年轻的我来说，这些历练都是有利于我成长的，我很珍惜并感谢我的这位女老板!

再后来，这家服装公司由于资金链断裂，我不得不另谋高就，又遇到另外一个女老板，一对夫妻开的影视广告公司。我负责文案编辑、脚本编写，老板也是手把手地教我，还带我去上海浦东参展，让我长了见识，也长了本事。

作为一个女孩子长期漂泊在外，父母还是会担心的。在我妈的劝说下，2012年10月，我离开了让我梦想起飞的复古之都——上海，飞往深圳，帮亲戚的广告公司做前台、出纳工作。

做了一段时间，为了做更加专业对口的工作，我面试了一家手表公司。在手表公司做了两年文案编辑，直到2015年我结婚有孕在身，老板居然想给我调岗降薪，我肯定不愿意啊！我不想从事我不擅长且比我当时工资还低的岗位，而我当时也是年轻没经验，没有走劳动仲裁，就直接离职不干了。

在家养胎的日子我每天自己做饭，保证我和孩子的健康营养，适当运动、晒太阳，定期去医院产检，看育儿书籍，同时也开启了我的副业工作——微营销。2015年年底我的第一个孩子出生了。虽然我是第一次当妈妈经历了生产的痛苦，坐月子带娃的痛苦，但看到自己孕育的生命，我内心里的喜悦还是大于痛苦的。

孩子的爷爷奶奶帮我带了一个多月的孩子，然后我就自己带了。都说世界上妈妈这个岗位是没有持证上岗的，那我就边学边带。一路走来，我深知养育孩子对新手妈妈来说，是多么棘手，多么无助，但既然生下了他，我就要当他的铠甲，护他周全。

03 谁说事业和家庭、孩子不能兼顾

在抚养孩子的路上我披荆斩棘，把孩子从婴儿抚养成幼儿，再到现在的小学生，这几年的时光，我是事业、家庭、孩子都没耽误，养育孩子的零碎时间，我都在学习，做我的微营销事业，从卖四件套开始，接着我又卖眼贴，结果品牌方跑路了，即使签了合同，我的联合创始人的钱也没有拿回来，最后公司发给我的是几大箱眼贴，库存积

压，卖不完也用不完，我都拿去送人了。

这次的亏损，使我再选择品牌时就更加慎重了，我时刻铭记一个道理：选品牌首选创始人，创始人的初心决定品牌的发展方向和未来。

在我生完小孩半年左右，我开始疯狂地掉头发，发际线后移，头顶稀疏，头发细软发黄，没有光泽，易断还容易分叉打结，莫名的恐慌袭上心头——我要是成了秃子怎么办啊？

就在这时，我遇到了朋友圈一个微信朋友，她推荐我体验姜多多，使用了一周左右，我觉得效果挺好的，到后来听了他们的公开课，我果断加入，成了姜多多的代理商。再后来，成为官方合伙人。

在姜多多，我足不出户就学到了很多专业知识和微营销实操技巧，通过实操，我也赚到了认知范围内的钱。这是多少个日日夜夜孩子睡觉后，我偷偷爬起来继续努力学习的结果；多少次朋友圈的辛勤经营换来的结果；多少次被打击、拒绝后，坚持复盘总结的经验产生的结果。

我也积极参加姜多多的线下周年庆，我带我家大宝去过三亚、青岛、云南，开阔了我和孩子的眼界和见识。后来，我还随姜多多去了日本游学，随姜多多后来加入的伴能品牌去了泰国游学，也领略了异国特色和文化风情!

我还参加了姜多多组织的“铁军营”、“天生领导力”等线下培训，全方位锻造了本领，增长了见识，结识了太多优秀的人。这是我在许多工作岗位上都难以获得的宝贵财富!

在姜多多，我不仅收获了健康与美丽，也收获了见识与富足，还收获了优雅与朋友!

04 你我皆是宝藏，你要善于挖掘自己的潜力

2022年，我第二个宝宝的诞生，又开启了我艰辛带娃之路。

2023年，是我收获颇丰的一年，通过努力学习，我拿到了家庭教育指导师资格证和家庭教育咨询师资格证，同时被聘为八极家道的家庭教育咨询师。

业余时间，我就线上线下学车，有时候还要带着俩孩子去练习场打卡。经过几个月辛苦的理论加实操，2023年底我拿到了梦寐以求的驾照，曾经的我觉得考驾照是一件难于上青天的事情，没想到通过努力学习，我也可以拿到驾照!

就在这一年，我还在梨花教育平台学了配音，并学有所成，又增长了一门技能，又是人生一大幸事!通过一件件努力达成的事情，我发现自己有着无限潜力，还有更多宝藏等着我去挖掘。

人生不设限，相信自己有无限可能，就能成为更好的自己!让我们一起长风破浪会有时，直挂云帆济沧海!当经历大风大浪后，你会发现，人生最曼妙的风景竟是内心的淡定与从容。愿你翻越千山，归来仍是少年!

我当像鸟，飞往我的山

郑艺芳

- 央广财经特邀嘉宾
- 独立保险经纪人
- 保险名家 IMA 金奖
- 中国科学院硕士、新东方原优秀教师

01 走出舒适区

1982年，我出生在北京，在我30岁之前，我像一个小陀螺一样，很努力地在转：按部就班地学习、考试、工作、找一个“像爸爸一样窝囊”的男人结婚，默默承受着原生家庭给我的连续打击。根本没有独立的自我意识，如果这样一直转下去，我永远跳不出那个隐形的圈子。

以前的我，自卑、怯懦，虽然履历看上去可圈可点，但我似乎一点也不在意，完全看不到自己身上的亮点。说得严重一点，那时候的我对别人的好评置若罔闻，对整个世界胆战心惊。但这些都是内心戏，因为我做事很认真、智商情商都在线，所以在外人看来，我很优秀，总有好机会落在我头上。

研究生刚刚毕业，科学院的老师就找到我对我说：“评选优秀学生干部的时候，其他老师都夸你认真负责，现在咱们学报编辑部有个位置，正缺一个认真的人，你来试试吧。”我根本不懂拒绝，糊里糊涂的就当上了这个“实习编辑”，也就是“小助理”，那时候的月薪是1600元。我协助的主编老师是院长夫人，所以大概率可以通过申请拿到中国科学院研究生院（现在叫中国科学院大学）正式员工编制的，这份工作看上去前途光明又受人尊敬。

过了半年多这种朝九晚五有事请假的生活，很规律也很惬意，但有个声音对我说："这里太安逸了，不适合你。"

于是在介绍人老师和全家人的诧异中，我对我的引路人表达了感谢并辞去了这里的工作。

02 相信那个声音

我就这样，像只渴望自由的小鸟一样，从别人羡慕的"笼子"里飞出来了，不知道外面有什么危险，只知道那漂亮的笼子不是自己想要的。同时，我的履历像一张白纸。我觉得应该从最基层的私企职员干起，因为这样干起来才"最踏实"。于是我开始海投简历。在这个过程中还有个小插曲，我被李笑来老师邀请去他的公司任职，因为他去我们研究生院讲课的时候认识了我，发现我事情做得很好。当时我和他还有他的合作伙伴聊了很久，他们很欣赏我，但可能因为我目光短浅，天真的我担心自己的专业不对口，无法胜任工作，于是婉言谢绝了他们的盛情。

之后，当时声名远扬的新东方一个电话打来邀请我去面试。我很认真地准备每一次面试，成功通过三轮面试后，加入了新东方，成为VIP部的一名生物教师。刚过基础培训阶段，部门领导就找到我，跟我说："看你简历里雅思得过高分奖，我们正好缺英语老师，你来教英语吧。"我依然不懂拒绝，很认真地去做了准备，通过笔试和面试后，我成了唯一一个内部转学科的老师。然后我顺理成章地教起英语，收到学生们的好评，进而成了学科教研负责人。这时候距离我加入新东方差不多过去两年半的时间。我了解到了新东方“拼命三郎”一样的企业文化，隐隐听到内心中“这不是你”的声音。

于是我第二次辞职，部门领导跟我说：“你如果要走的话，不如这样，先准你三个月的带薪假期，你好好想想，坚持要走你再走。”我不想占新东方的便宜，既然已经知道这里不是我的归宿，又怎么能多拿人家的工资呢？我说：“不，我决定要走，不占新东方的便宜。”

离开新东方的时候，很多人都猜测我是被哪里挖走了。事实上并不是，如果是，那也是我内心的声音。我拿着仅有的几千块钱积蓄，试图寻找我理想中的工作。然而这次并没有我想象中的那么顺利，眼看着钱快用完了，我这个职场经验几乎为零的小白根本找不到可以和新东方媲美的工作。面对现实的压力，我开始了我的第一次创业——给慕名找我补课的孩子们做家教。当时为了方便代步，我买了一辆奥拓汽车，印象最深的是我开着我的小奥拓从石景山到望京。

这样的日子过了一年多，有新东方的老同事叫我去另一家培训机构帮忙组建教师团队，正好赶上我第一次创业也不太成功，所以我欣然前往。在这家机构，我负责新教师的面试和早期培训，在这里，我度过了我的30岁生日。生日那天，正好和搭档女老师完成又一拨新教师的面试，她忽然恭喜我说：“年轻有为，三十而立！”我听到的时候仿佛忽然被扼住喉咙，“这不是你”的声音又响起来。

天，这也不是我。而且，我30了，我还有多久能去寻找我自己呢？

03 路在何方

生活还在继续，在我30岁的末尾，我在一次体检中被告知有“肿物”，不知良性恶性，建议尽快手术。我的生活还没开始，难道这么早就要折翼了吗？！

在公立医院手术要排队等半年，于是我拿出所有积蓄找到私立医院。在医生耐心讲解、护士悉心安排后，做完了手术，我的肿物被顺利取出来了。幸运的是，命运给了我继续找寻自己的机会。我深深记得住院时几个小护士温暖的脸，她们在我最需要的时候给我支持、给我温暖，我对手术和治疗方案的一切疑问和担心，医生护士都事无巨细地向我讲解。这次经历让我体会到一个人在最脆弱的时候，什么是最重要的。

因为我没有高端医疗险，所以所有费用都是我自负的，在新东方和自己创业的这几年里的积蓄，就这么一下子花光了。

其实早在我上研究生的时候，就知道并且使用过保险了。因为我研究生的专业是生物学，所以需要到野外采集样品，再带回实验室做实验，得出数据后写文章。我们出差的地点刚好是甘肃、青海、云南、西藏这些地方的原始森林，我硕士导师可能是担心我万一出事没法跟家长交代，就给我买了商业意外险。结果大事没出，小事出了一件——我被老家的小狗咬伤了。正好符合这个商业保险的理赔标准，保险公司很快就把赔款打到我的银行卡上了。这是我第一次体验保险理赔。

上面的经历，一好一坏，有了商业保险的我得到了理赔款，没有商业保险的我花光了所有的积蓄治病保命。我好像意识到了什么。当时是2013年，现在回顾来看，是保险行业费率市场化改革的第一年，当时的保险行业蓄势待发，客户被老旧的分红型产品困扰已久，又对新兴产品承诺的保险利益将信将疑。于我而言，自己的理赔经历让我意识到商业保险的重要性，自己加入保险行业还可以帮助身边想要配置保险的朋友们。但保险行业不稳定、没底薪，我的所有家人一致反对。当时不知道路在何方的我，还在妈妈的建议下报名并神奇地通过了北京市公务员考试。于是，我又一次站在了命运的十字路口。

我依然选择相信那个声音，“做你自己！”

多年之后，在一次和心理咨询师的聊天中，我才意识到，我一直相信的那个声音叫“生命力”。我很庆幸我可以一直跟随它的指引。

我加入了保险行业。最初就是某家公司的代理人，面对这家国有公司雄厚的资本实力和辉煌历史，我似乎还是高兴不起来，好像就是有什么不对的。过了初期的培训阶段，我才恍然大悟，原来这家公司向我宣称的只有他们自己的好，他们所有的产品线都是最好的。这个我是不相信的。还是那个声音，在那时候告诉我“这不是你”。

我再次离开，像飞鸟一样，坚定去寻找属于我的“山”。

04 找到自己的路

在一次偶然参加的饭局里，我知道了保险经纪人这个职业，这是一群依靠诸多保险公司的产品库资源，来帮助客户选择适合他们需求的保险产品的专家。当时我眼前一亮，这就是我寻寻觅觅的未来吧？

来到这家保险经纪公司的初期，我好像鱼进入大海，每天都如饥似渴地学习保险产品和保险知识，没事就拿着不同公司的同类产品作对比，然后发到朋友圈提醒大家同类产品也有好坏之分。我最初的一批客户就是这样主动来找我的，他们都是跟我一样受过高等教育的人，看到我经常发对比表，也有配置保险的需要，所以他们愿意相信我的认真和专业。而我也不会辜负他们的期待，我会一字一句带着他们读懂所有保险合同，把保险合同的逻辑结构、保险责任、注意事项等一一详细地向他们讲解。即使他们说相信我的专业不需要讲了，我也不会停止，我还会劝他们认真了解自己购买的保单，因为这是与他们息息相关的利益。我的客户们都说我比他们自己都更在乎他们的利益。是的，我就是这样一个认真的人，凡经我手的事情，我都会认真完成。

于是，开始有人在自己购买保险之后把我转介绍给他们的朋友。用他们自己的话说，把我介绍给朋友，靠谱，放心！我对他们的朋友和对他们一样认真负责，勤勤恳恳。于是他们的朋友也会介绍自己的朋友。这样就慢慢形成了“转介绍链条”，在这样的一条条转介绍链条上，我认识了很多优秀的人，他们都成了我的客户。我做了11年保险，这样的转介绍链条一直在运行着，为我输送的新客户也从未间断，所以我从未主动推销过保险。这样的情况在保险行业也算得上是个奇迹了。

05 在自己的路上飞扬

2016年左右，我开始了在自媒体讲保险的经历。那时候是在喜马拉雅App上，主要以音频形式呈现。当时好多粉丝加我好友，告诉我，他们通常会在开车、坐地铁和做饭的时候听我讲课。因为我讲课幽默风趣、平易近人，总能用很接地气的语言把晦涩的保险相关内容说明白。这和我的主播名“保险大明白”正好相配，他们很喜欢我。在2020年初，我在粉丝的建议下，开通了哔哩哔哩App的账号，在那上面以视频的方式讲保险产品。其实视频相对于音频的好处是直观，让我可以对着保险条款一字一句地讲给大家听。但视频的劣势就是需要一个固定的拍摄地点，不像音频那样可以随时随地录音然后上传。但当时是短视频的起飞初期，我认为内容多以视频形式呈现是未来发展趋势，所以决定不在喜马拉雅上更新音频了。现在来看，这个决定不算明智，但客观上的确腾出来很多时间和精力做视频更新了。我把侧重点放在视频表现度比较好的产品横向对比、产品条款详解、产品收益的Excel表计算上面。哔哩哔哩App的受众大多数是爱学习的“90后”，正好贴合我做教会客户买保险的长视频定位。所以我在哔哩哔哩积累了很多忠实的粉丝，他们加我好友之后直接就找我配置保险，省去了与保险业务员建立信任的时间。这也让我在2023年停售潮的机遇里，得以快速签单，年收入达到400万元。粉丝找我签约的这些保单几乎没有所谓“大单”，只是客户人数多、保单数量多，这些都是粉丝对我的满满信任。

当然，也有“不那么”信任我的粉丝，他们想先探探深浅，然后再决定是否要找我买保险。我的处理是，收费咨询。因为我真的会很认真花时间帮他们看保单，有个别的还要花上几个小时收集分红额度、计算和预测保单的收益率，所以我大概是在2017年左右开始做收费咨询。当时不成体系，只是让粉丝们“看着给”，别让我白辛苦就行了。但后来我接触到了一些“鸡贼”的粉丝，比如给他们配置了一套完整的保险计划，这可能花费我好几个小时甚至几天的时间，但他们只会在我这里配置保费最少的一单产品，然后其他产品找自己家亲戚买，或者提条件让我“优惠”。我当然不会屈从，我付出的辛苦劳动应该被尊重。所以从2021年开始，我就把自己的收费标准写在公众号里，像心理咨询师和律师一样，按工作量收费。最初的记录都找不到了，现在在册的记录是超过120位粉丝伙伴按照我的收费标准做过付费咨询，他们中的绝大多数也都找我配置了保险方案。

所有的客户、粉丝联系我的时候，都会尊称我一声“郑老师”，他们大多是来找我请教的。我也愿意用自己的专业帮助他们，我应该是做得最有尊严的保险业务员之一吧。

满打满算，我在公域做了8年，从未推广，只靠粉丝口口相传，全网粉丝超过2万。这个数字跟大主播比起来，不值一提，但它代表中国保险业正在觉醒的客户，他们愿意用自己搜索、学习和付费的方式找到自己心仪的保险经纪人。商业保险是中产家庭的标配，全国中产家庭3300万，只有2万人知道我，这远远不够。所以我会在新的一年里，把我的专业经验分享出来，结集成册；把我的系统知识向外输出，放在更多的平台供大家学习。只有让更多的中产家庭了解我，我才能帮到他们，让他们真正懂保险、用保险。

“凤凰财经”曾邀请我做系列保险节目，但因为我不够自信与这次机会失之交臂；“向日葵保险网”曾邀请我给他们的保险业务员做培训，但也被我婉言谢绝。这些错过听起来都有些遗憾，但那的确是当时真实的我。直到2024年初，我应中央人民广播电视总台《经济之声》栏目邀请作春节理财节目的特邀嘉宾。这一次我没拒绝，因为这的确是个展示自己的好平台。不管怎么样，上面的一系列经历，都是那个当下，最真实的我。也许冥冥之中我也在为自己做选择，选择更想要展示自己的平台，选择自己更想要展示的样子，选择自己更想要的生活——自强、自信、自律、自爱。我珍惜我的每一片羽毛，我珍惜我展示在众人面前的样子，也许我的过去步履蹒跚，但我终将飞向我的山！

公关传播的力量：在变革中寻找富足

高建玲

- 中国早期公关传播成员，熟悉各阶段的传播模式

01 踏上公关之旅：在偶然中发现命运

2001年，我偶然踏入公关行业，成为中国早期公关大军中的一员。那时的我并不知道，这个决定将开启我职业生涯中一段非凡的旅程。当时，国内尚无成熟的公关模式，国外同行采用收取服务费的方式，但是国内向来不认可“服务费”，所以，公关传播行业在摸索前行。我亲身经历了这个行业从收取客户服务费到按字收费，再到依据产出物收费的模式变迁。

在这个过程中，我深刻体会到，公关传播不仅仅是信息的传递，更是一门触动人心的艺术。

02 初入公关：媒体关系的变迁

在我初入公关行业时，我们不会催促媒体见刊，而是通过策划优质的选题，吸引媒体主动传播。我早期服务于欧米茄品牌，经手过一个令人印象深刻的项目：为了纪念人类最后一次登月30周年，欧米茄品牌邀请尤金·塞尔南（人类登月最后一人）亲临中国登上长城。全国各地的主流媒体闻讯而至，大家背着沉重的摄像设备一起爬长城，很多媒体都找我协调针对尤金·塞尔南的采访，但是，考虑到尤金·塞尔南的档期和安全，我只安排了一场央视的采访。

那时，我们注重的是传播策略和新闻价值。然而，随着时间的推移，公关似乎变成了媒体发稿。这种变化让我深刻意识到，公关的核心价值正在改变。于是，我结合中国的“人情世故”，带领团队总结了一套符合特定环境的沟通策略，并不断传授给新入行的媒介人员，一直沿用至今。

03 雪佛兰红粉笔博客：网络时代的最初印记

2004年，雪佛兰作为上海通用汽车的新品牌，希望通过公益平台与消费者展开沟通，于是策划了一场支教活动，针对这次活动的传播，在当时引起了极大的争议。

从初心来说，品牌的目标不仅是要销售汽车，更要成为社会责任的承担者。支教活动的第一站选择了云南丽江，一个充满自然美景和文化魅力的地方。活动邀请了著名影视明星和媒体记者一同前往，希望通过他们的影响力，将爱心传递给更多的人。

当时，博客作为一种新兴的社交媒体形式，正悄然改变着信息传播的格局。我提出了一个大胆的建议：在新浪博客平台上开通企业博客，用最真实、最直接的声音，讲述最动人的故事。博客在当时还是一个新鲜事物，许多人对其传播效果持怀疑态度，但我坚信，博客具有互动性和即时性，是公益活动传播的理想平台（新浪博客作为当时国内最大的博客平台，用户活跃度极高，是信息传播的快速通道，但是尚未有汽车企业注册企业博客）。经过几番争论，终于获得客户的同意。于是我开始搜集支教现场的精彩照片及支教素材（视频在当时还没普及开），但是，丽江的网络条件出奇地差，这给我们的计划带来了巨大的阻碍。几经折腾，我在丽江的一个网吧里，克服了种种技术难题，成功开通了雪佛兰红粉笔官方博客，第一时间将事先准备好的文字和图片素材上传。

上线后，反响超出了所有人的预期。一夜之间，阅读量和互动量激增，雪佛兰红粉笔博客成了热点话题。它不仅是中国第一家汽车企业博客，更是一个里程碑式的大胆创新。

这个项目不仅赢得了企业公关负责人的赞誉，更被纳入清华MBA案例。雪佛兰红粉笔博客的成功，不仅提升了活动的知名度，也为品牌传播开辟了新的领地。

04 自媒体联盟的先驱：一次未竟的探索

随着经验的积累，我与同事策划的系列传播方式得到了客户和同行的认可，在业内形成了一定的影响力。微信普及后，自媒体如雨后春笋般涌现出来，许多传统媒体从业者也开始转型，投身这一新兴领域。除了传统的媒体渠道，企业也开始重视与具有行业影响力的自媒体人开展合作。在这样的背景下，我作为一家公关公司的媒介板块负责人，从媒体关系维护和内容传播的角度出发，提出了构建自媒体联盟的构想。

我为这个项目撰写了一份详尽的执行方案，并做了费用预估：公司一年需要投入差不多50万元。在我看来，即便自媒体联盟未能成功，客观上也能拓展和加深媒体关系。这笔费用对于年收入上亿的公司而言，不过是九牛一毛。然而，由于当时公司高层未能看到清晰的商业模式，我的提议最终被否决。

不久之后，中国首个自媒体联盟“WeMedia”宣告成立，其汇聚了科技、3C、财经等行业的领军人物，迅速成为企业争相合作的焦点。随后，汽车、快消、数码等行业纷纷效仿，成立各自的自媒体联盟。尽管这些联盟最终因种种原因未能持续，但它们在兴起之初，确实产生了巨大的商业价值。每一种商业模式都有其自身的生命周期，自媒体联盟也不例外。

这是我个人职业生涯中一段难忘的插曲。当时，作为公司的员工，我尚未形成创业意识，对于企业的商业盈利考虑不周，导致提案折戟。如今，站在企业经营者的立场来看，这份提案依然具有启发性：在数字化时代，把握趋势、勇于尝试是企业持续发展的关键。虽然自媒体联盟的模式最终未能长存，但它在特定时期所展现出的活力和价值，以及其后的各种分支和衍变，证明了创新思维在商业世界的重要性。

05 探索无限可能：开启我的“掌舵”之旅

在公关公司的十几年职业生涯中，我有幸创造了不少行业内的“第一”：我是最早从事论坛营销的公关人员之一；在微博和其他社交媒体兴起的第一时间，我和同事们策划了影响力很高的传播事件；我参与打造了中国第一个汽车公益传播平台“汽车安全中国行”，并持续执行了12年。这些经历，如同一次次探险，让我在公关传播的海洋中不断航行，不断成长。

2016年，我决定迈出新的一步，创立了自己的公关公司。在这里，我们不仅能为客户提供最新颖的传播方式，还提出了多个“公关+”的模式，如公关赛事营销。我们与中国领先的测试机构打造了业界首个针对消费者的汽车赛事“中国量产车大赛”，并获得了行业领导品牌连续多年的冠名赞助，总决赛在CCTV-5全程直播。我们不满足于传统的传播模式，勇于探索和实践，将创新融入每一次的公关活动中。

例如，我们是最早为客户提供活动直播的企业之一。我们为某新能源商用车品牌发布会打造的沉浸式舞台，以及20多个KOL（关键意见领袖）组成的直播矩阵，成为商用车领域现象级传播案例。种种案例，展示了公关传播在数字时代的新可能。

我热爱公关传播，因为它是一个充满无限可能的领域。每一次创新，都是对自我的挑战，也是对行业发展的一种推动。

06 挑战扑面而来：在压力中寻找动力

最近两年，随着经济环境的变化，企业的传播预算断崖式下降，这给公关传播带来了巨大的压力。然而，我始终相信，有压力才有动力。面对这些挑战，我们只能寻找新的传播模式，为企业提供更具价值的传播策略。

我们开始探索多元化的传播渠道，利用社交媒体、内容共创和数据驱动的策略，助力企业在有限的预算下达到最佳的传播效果。在KOL合作的基础上，我们通过与大量的KOC（关键意见消费者）合作，以UGC（用户生成内容）的形式提升品牌曝光度，大大提高了品牌与目标受众的互动能力。

我坚信，公关传播的未来在于不断适应和创新。面对预算的收缩，我们需要更加注重传播的质量而非数量，要聚焦核心目标，确保每一分钱都能产生更大的价值。公关传播领域将继续演变，新技术、新平台将不断涌现。我和我的团队将继续走在行业前沿，探索公关传播和营销的新领域，为客户提供更多创新型的解决方案。

我的公关传播之旅还在继续，感谢每一个与我同行的人。我想向你分享的是：在这个快速变化的时代，公关传播不仅是品牌建设的工具，更是企业竞争力的一部分。不要害怕尝试新事物，不要害怕失败。每一次的尝试，都是向成功迈进的一步。我们将在这个充满无限可能的领域创造更多的“第一”。

成长永远比成功更重要

范镌文

- 中国地质大学兼职教授
- 深圳职业技术大学特聘专家
- 深圳市女企业家发展促进会秘书长
- 拥有十年经验的资深政商企业家演讲顾问
- 广东省人社厅组织世界技能大赛巡回演讲特邀专家

如果要做一个标签化的自我介绍，可能身边人会对我有不同的看法。有人觉得我是一位女性创业者，有人觉得我是一位女性演讲家，有人觉得我是一位培训讲师，还有人觉得我是一名女性榜样。

答案是什么？先别着急，今天我想先跟大家分享我的经历，看看我是如何通过不断突破成长帮助我自己，打破内心的迷茫、生活的麻木和对未来的焦虑，推动大家一起去遇见更真实、更绽放、更美好的自己的故事。

我相信在听完我的故事后，你的内心或许会有不同的答案。

01 找到人生使命的突破口：演讲

好学生、好职员、好领导、好妻子、好妈妈，在30岁以前，我的“五好”人生似乎就是大多数好孩子出生就被设置好的标准版本。

所以，当我第一次上台，演讲老师让我谈谈梦想时，我说我自己的梦想都已经实现了，也没啥梦想了，当时的我甚至还觉得一个30岁的人，谈梦想是件非常矫情的事儿。

因为那时候的我，都是按照父母的设计在走标准化的人生道路，直到后来我才发现，如果一个人真的清楚自己的梦想与使命，那么她一定不会甘愿只享受稳定且一成不变的生活，反而会寻求人生的未知并不断地探索，去创造更多的人生价值。

我为什么愿意放弃稳定的收入和工作环境？因为我不喜欢一眼望到头的生活。于是，我人生中的第一次创业开始了，我希望在外贸行业开拓一片可以尽情释放自我能力的天地。

至于后来的教育事业，也是因为我想帮助一位朋友了解演讲课程，因缘际会之下我又进入演讲领域，开始了第二次创业。在创业过程中，我发现教育领域真的可以帮助到更多人，这使我感觉有一种使命在召唤我，就决定真正入行了。

事实上，在30多岁放弃一切去跨行创业，又要从0到1开始摸索，不担忧、不焦虑是不可能的。此外，还有非常多来自父母和身边人的误解和压力。他们不仅不支持我，还觉得都这个年纪了还瞎折腾，有些丢人。但我觉得人生不应该给自己设限，不去尝试，又怎么知道自己行不行呢？

02 跨过创业中的两次挫折

我最开始只是作为联合创始人的身份做教育培训，由合作讲师来授课。合作的老师给到学员的承诺是终身复训。但后来，他觉得做教育太辛苦了，就决定转行。可我不愿轻易放弃对学员的承诺，我想把课程办得更好，帮助更多学员站上演讲的舞台。于是，从2015年开始单独创业做演讲类课程。经过一年的教学互动，我发现很多学员即使学好了演讲技巧，但仍然没有勇气和信心站上舞台，最主要的原因是内心缺乏力量。所以，我开始设计新课程来帮助学员激活内在动力。

2016年3月，我创建了女性智慧商学院的课程，这使我的公司成为深圳比较早专门开设女性课程的机构。而为了给商学院学员更好的指导，我又邀请了其他老师一起合作。

合作老师的一些行为让我非常失望，我不断与合作的老师交涉、协商与博弈，但两人始终无法达成共识，最后只能分道扬镳。这一次因为一些无法言说的原因，我也遭到很多人的误解和攻击。在多重打击下，尽管表面上我依然坚持工作，但身体却出了问题，从而经历了人生当中第一次17天的生病住院。

吃一堑，长一智。这件事情过后，我深刻反省团队制度、老师规范、学员管理等方面的问题。我意识到为人师者，不仅要教授学员能力，更要协助学员正心正念，给他们传递正确的价值观。

从此，我更重视手中的麦克风了。我决定以后要自己掌控麦克风，把学员带好。于是，我跟随演讲界的名师学习，看遍了国内外几乎所有演讲的书，观摩了上千个优质演讲视频，每周做多次演讲剖析，以最高的标准要求自己死磕演讲技能和研发自己的专业课程。

2017年3月，我做了自己第一场200多人的《重遇未知的自己》演讲分享，在舞台上开始传播正心正念的思想，更深入地带领大家一起成长。

03 每一次披荆斩棘之后，我们都是全新蜕变的自己

从2016年开始，我跟随杨思卓教授学习管理和领导力课程，跟国内外知名老师学习演讲系统课程。与此同时，我还学习了形象管理、国际礼仪、时间管理、领导力、心理学、个人品牌等多个领域的知识和技能。为了精进自己，我一直不停地学习，就是为了让所学的知识能够助力我的演讲之路。

在我成为一位独立的培训讲师后，我的事业迎来了快速发展期。在演讲领域，我多次承办了深圳市级、区级、街道级各类演讲大赛，并广获好评。

2019年，我成为李燕杰演讲杯全国演讲大赛评委导师，辅导学员荣获该大赛一等奖。更让我难忘的是，在2019年全国演讲大赛中，我的学员中有将近20名报名参加，并取得6人入围30强、一名学习仅3个月的学员问鼎冠军的佳绩。

在智慧女性领域，我陆续开办了《卓越女性课》《优雅仪态》《美好关系》《卓越影响力》《超级魅力讲师班》等线上线下优质课程，授课学员超过80万人次。

在管理领域，我曾被杨思卓教授任命为思卓书院230家分院的执行总院长，管理运营全球30多万粉丝，并在院长年会上与两位教授一同授课。

从2021年开始，我被任命为深圳市女企业家发展促进会秘书长，

带领女企业家走在创新创业创美的路上。

在公共领域，我联合创办了国内首个华夏书香名媛会，并担任创始会长，影响和带领万千女性成长和进步。

在家乡开展迎三八妇女节“塑造阳光心态，追求完美人生”专题讲座。该讲座被称为该市多年来“最走心、最温情、参与度最高”的一次讲座。

作为南山区女企业家代表之一，我跟随妇联领导们一起陪同接待全国妇联副主席宋秀岩、马来西亚华裔女企业家商会、阿联酋考察团等。

我发现，越学习，我越能感受到智慧对我的洗礼；越演讲，我越能感受到自己对舞台的热爱；越帮助别人，我越能感受到成长的正能量。

04 带领学员活出绽放的人生

事业与人生一样，发展中免不了高低起伏。

按照此前的发展势头，公司有望在全国开3家分公司。因此，我们扩张团队人员，购入办公新设备，并规划重新装修公司。但不幸的是疫情暴发了。公司长达数月无法开办课程，学员上不了课，团队的运行也处于半停滞状态。一年扛下来，仅运营成本一项开支就将近200万元，而团队人员也因为收入明显下降而纷纷选择辞职。

我再次面临创业后的至暗时刻。

不过，上天总会眷顾那些在逆境中依然坚持不懈，愿意积极改变的人。从2020年初开始，为了让学员在家依然能够坚持学习演讲，我开始学习短视频制作和在线课程打磨，希望借助互联网的力量帮助更多的人学习演讲。

那一年，我与互联网超级IP罗永浩、王石等，一起荣登视频号博主排行榜前100名，同时在垂直科普自媒体领域类的视频号榜单中排行第25名，更荣获全球华人新媒体创业国际峰会“新媒体价值奖”。

因此，在疫情成为新常态的情况下，我利用已开拓的互联网赛道，开始从线下课程培训转型为线上线下双结合，更多元地帮学员学习演讲。

在过去的合作伙伴的帮助下，我完成了一场超67000人同时在线的大型直播；一个45分钟的线上课程，以9块9单价销售了3.6万多份，帮合作伙伴变现30多万元。

05 我在演讲舞台上登上了一级台阶

2021年深圳市直机关工委举办“百年征程映初心，先行示范谱新章”大型演讲比赛，我与其他各政府机关重量级嘉宾被邀请为决赛评委，对选手在现场的表现进行打分点评。此外，在深圳都市频道举办的“她时代女性领导力”论坛上，我被邀请担当访谈主持人，与成功女企业家代表、外交官、中国科学院院士、领导力教授等各领域大咖进行对话。

2023年，我担任深圳登山协会民间登珠峰20周年庆典演讲嘉宾培训导师。仅用十天时间，就帮助十一位演讲嘉宾打造了极具个人特色差异化的演讲，在社会各界受到广泛热议与好评。

2024年，我在广东省人社厅主办的世界技能大赛获奖选手全省巡回宣讲交流活动中担任演讲嘉宾培训导师。协助演讲嘉宾挖掘出自己的独特成长经历，分享参加世赛过程中的真实励志故事，给各大技校师生带去重燃学好技能报国的激情与技能报国的动力。

2025年，我受到运河商学院邀请，主持王石、冯仑、郑永年、宋志平、尹烨等企业家主题演讲的600人年会论坛，受到王石、冯仑等嘉宾一致好评。

从业以来，我辅导线上学员80多万人，线下学员2万多人，为广东省人社厅、深圳市委组织部、市委工委、市委宣传部、海事局、出入境边防检查总站、应急管理局、公安局、民政局、海关、各街道、各级妇联、各级工会、医院、学校、腾讯、华为、三星、中海油、中建一局、建设银行、创维、东鹏饮料、南山热电、五矿证券等数百家单位提供过服务，对包括市级领导、上市公司董事长、大学教授、律师、公务员、科学家、技术工匠等企事业单位管理人员进行授课或一对一辅导，得到了学员们的一致认可。

06 一个人活得精彩不如带领一群人活得精彩

很多学员没遇见我之前，总觉得演讲是天赋，后天是无法改变的，但遇见我以后，在我的帮助与其自身努力下，他们不仅通过演讲的舞台改善了自己的短板，重新获得在公共场合的表达自信，还找到了自己内心真正的热爱，开启了全新的生命状态。

“珍珠姐姐”金苏琴是“壹海珠”品牌创始人。以前她恐惧上台，缺欠演讲技巧，在全方位学习演讲姿态、吐字方式、声音技巧、情感表达、演讲知识和场景表达后，她的整体沟通能力和演讲能力有了大幅提升，对事业发展产生了更强的助推力。

深圳的余律师、西安的黄律师、青岛的薛律师提升了自己的演讲表达能力后，形象、气场有了非常大的提升，纷纷成为律师行业的精英代表。

某上市公司的美女学霸高管宋女士，在从业20多年后，她一直渴望有机会实现自己小时候的演讲梦想。虽然她专业能力扎实，语言表达能力也不错，却没有掌握系统的输出方法。从2024年1月27日开始跟随我系统学习演讲和讲师课程，仅仅52天就在华润集团开办了一堂专业的沙龙课程，好评不断，半年内还得到了南山区总工会和深圳大学等知名单位的授课邀请。她不仅在一年时间内成功收获了自己职业之外的第二身份，还成功实现了站上讲台演讲的梦想。

户外运动资深爱好者李总于2023年成功登顶珠峰。2023年8月，受到深圳市登山户外运动协会的邀请，他将在深圳市书城市民大讲堂分享自己登顶珠峰的故事。作为一名企业副总裁，平时讲话分享是没啥问题的，但是第一次要面对几百人做20分钟的脱稿演讲，同时现场直播，他渴望通过自己更具感染力的表达，让更多人敬畏大山，同时在参与极限挑战时，有更强的安全保障意识。经协会推荐，他跟随我学习，经过7轮改稿指导、3次线下舞台提升修炼，最终，他的演讲让现场几百位户外运动爱好者和广大市民深受启发。事后，李总最大的感受就是演讲训练让他的思维更清晰了，记忆力也增强了很多。李总还说，学习演讲后，哪怕是一篇2000字的稿子，他也可以在一天内背下来，并能马上脱稿演讲。他提升了自己在表达方面的自信，并且开始享受演讲的乐趣。

2021年年底，在深圳广电集团和深圳市女企业家促进会共同打造的《她创时尚盛典》上，邓影、汪静等几位企业家学员，在我的一对一悉心辅导下，突破自我，勇于发声，登上了电视演讲大舞台，讲述了自己的人生故事和创业旅程。这不仅提升了她们的社会影响力，更体现了湾区女性由内而外独立自主、创新创业的精神！

人生是一段珍贵的旅程，我们应该勇敢地追寻自己的梦想和使命，去创造更高维的生命价值。我非常荣幸能够通过演讲培训，帮助更多人勇敢地站上舞台，讲述自己的人生故事，从而突破自我，开启蜕变之路。

当你看到这里，不知道你会如何定义我。我非常期待在实现梦想的路上能够遇到更多的良师益友，成为更好的自己。

成长，永远比成功更重要。我期待，在实现人生梦想的路上，我能助你一臂之力，与你同行，让我们一起活出“理想生活范儿”。

如果山不过来，那我就过去吧

黄孝清

华中科技大学本科

资深人力资源专家、人力资源管理师、心理咨询师

创投社群进化家（天使成长营）起源合伙人

上海交大教育集团顶层设计研究中心智库专家

我一直没有感受到世界对我的召唤。

应属于我的那座山，我等了很久，一直没有来。

那么现在，我对自己说："不等了，你不来，我就去找你吧。"

至此，我踏上行路，去寻那心中的雪山。

我想对世界说："我来了。"

01 缘起小镇

我是小镇青年，生在湖北洪湖的一个小县城。这里是著名的鱼米之乡，也是"洪湖水，浪打浪"的革命老区，"人人都说天堂美，怎比我洪湖鱼米乡"，我从小就在这里长大。

我父亲是孤儿，很小他的父母就过世了，他由亲戚抚养长大，吃的是百家饭。因为是中医世家，他很小就在医馆里当学徒、当赤脚医生。后来去省中医学院学习，回来后一直做医生，算是名老中医了。我母亲也在医院系统工作。我从小在医院大院里长大，算是大院里的孩子王，小时候还带着一帮小朋友偷偷闯过太平间、偷过卫校的人骨。小时候家里条件还行，除了有时候拣哥哥、姐姐穿不了的衣服穿，需要辛苦妈妈改来改去，我一直觉得我的童年是幸福的，爸爸妈妈都很爱我们三个。

我还记得我上高中时晚自习要上到很晚，甚至有时候学校还会停电，大家点起蜡烛写作业，一直写到很晚。回到院门口，院子里黑洞洞的，要拿着手电才能上楼。而在平时，不管晚自习上到多晚，我妈都在家里等我回来。只要我一进大院的门，就能看到楼上我家的灯光，以及我妈的身影。然后我妈就开始喊我的名字——“孝清”，我应一声，她就开始给我煮面条。等我上到楼上，面条就熟了，浇上青椒肉丝的臊子，她会笑眯眯地看着我吃面。

那一碗青椒肉丝面，是我年少时最美好的记忆。

02 走出小镇，才知道世界真是大

我高中的时候学习成绩一般，第一次高考没考上，开始也没觉得有啥，随着要好的同学陆陆续续收到录取通知书，去了心仪的大学，我一下子觉得好失落。那感觉，就像大家都走了，就落下你一个。我很伤心，在家哭了一宿，那时候只有一个念头：我也要考出去。于是第二天我跟老爸说“我要复读”，然后开始埋头苦读。

第二年我考到了武汉，到武汉后才发现，原来大城市有这么大。从付家坡长途汽车站出来，坐上公交车，开了好久好久，居然还在武汉。不出小镇，真不知道小镇之小，世界之大。

大二暑假，我跑去北京看我那位考上北京大学的兄弟，大家一起去北大图书馆看书；去对面清华大学校园里逛了逛。后来，我还和一帮北京大学的学生一起去杭州游学。我穿了一件北大的文化衫，混到北大学生里面去张小泉剪刀、浙江日报总部、摩托罗拉公司访问，大家一起逛西湖、游灵隐寺。一路走来，才发现世界真是大，有好多好棒的同学，如北京四中的王同学、澳门的潘同学，都让我印象深刻。

世界很美，世界很大。

1998年长江流域暴发大洪水，洪湖作为重点防御段，抗洪形势严峻。政府、事业单位都要安排人员背沙袋、守堤。我爸作为医院员工也要上堤。我跟我爸说："我也要上，我要尽一份力。"上了堤，才能理解洪水滔天是什么概念，自然的力量是如此巨大。江堤上码着整整齐齐的沙袋，洪水已经开始缓缓漫过江堤，而堤这边就是我们的家园。那一瞬间，我立刻就明白了什么是家国情怀，至于肩膀上被沙袋勒出的血印、裤子上的泥、鞋子里的水，那都不叫事。

世界很大，我也可以很强大。

03 上海滩，十里洋场，不是猛龙不过江

2001年我大学毕业，职业生涯的第一站是中国石化集团武汉石油股份有限公司，一家大型央企下属的A股上市公司。最开始我被安排到基层油库业务科工作。我曾经以为我大概会在这里一直做下去，看着在油库干了一辈子的主任和干了大半辈子的科长，我觉得世界这么大，我想去看看。

2006年，我决定离开武汉发展，也做了很多准备工作。工作之

余，我考了人力资源管理师证书和心理咨询师资格证书，还在武大蹭过一年的法学课，我的法学底子就是那个时候打下的。自我感觉算是准备周全了，当时和女友商量去哪里发展，有北京、深圳、上海三个城市作为选择方向。北京有我爸妈在（他们在北京发展），深圳有她叔叔在，上海其实没有太多社会关系，只有和我一起复读的一位好兄弟可以靠一靠。最终我们还是选择去上海，我觉得我年轻得很，值得在上海拼一拼。

上海，我来了。

刚到上海没多久，好兄弟就跟我说他准备移民了，去加拿大。那会儿我还挺失落的，但我还是很为他感到高兴——加拿大，发达国家，挺好的。以后只能靠自己了，奋斗吧，少年。

我在上海的第一份工作是在一家管理咨询公司做咨询顾问，负责给客户解决各种人力资源方面的问题，出方案，实施落地。涉及的问题包括新开公司办公室团队的组建、工厂拆迁人员的重组等。有一次，一家服装厂被一个流氓以工伤为名敲诈几十万，希望我们帮忙解决。我泡在现场，与每一位员工交谈，从车间的裁缝师傅到办公室的行政人员，找各种证据，研究相关法律法规，形成证据链；和当地工伤办沟通，最后在和流氓的谈判中一战而胜，获得了客户的好评。在咨询公司高饱和强度的工作经历让我走了很多路、见识了很多人，养成了严谨、系统的思考能力，也让我在人力资源方面的专业能力如凤凰涅槃般有了质的飞跃。

因为家里的一些原因，我无法长期出差，只能离开咨询公司回到企业内做人事工作。人事部门看起来门槛不高，其实很考验掌舵者对人性的把握和对尺度的拿捏。我从国企到外企，再到民企，从基层一路干到人事总监，见过各种是是非非、各种办公室政治；今天这个老总斗那个老总，董事长斗总经理，明天分公司自立门户，老板选继承人，家族内斗，各种套路。

在形形色色的江湖里想处理好方方面面的事情，一点都不简单。

长安居，大不易；上海滩，不好混；不是猛龙不过江。

04 加入半导体行业，来到中美对抗的最前沿

2017年，我加入了一家半导体智能制造公司，担任人力资源兼运营总监，这家公司已完成多轮融资，正向着科创板IPO迈进。作为企业高层管理者，一方面要和老板、业务团队共同制定战略规划，每一个数据、每一个目标都要经过反复论证和权衡；另一方面要关注基层实施难度，以及落地面具体的问题，给基层提供更多资源和政策支持，这样才能促进企业良好发展。在推进IPO工作实施的过程中，我与董秘及券商团队日夜奋战，梳理公司的人力资源架构，完善各项管理制度，确保公司在资本市场的舞台上能够展现出最完美的姿态。2018年中美贸易战爆发，半导体行业成为中美对抗的最前沿，美国各种卡脖子，限制技术流动、人员流动，工作难度加大。有一次，为了

给一位高级专家打通回国的路，我跑科委、跑外事办，想办法拿资格认证、拿归国邀请函，费尽心力打通各种关节，终于让专家顺利回国加入团队。

除了对核心人员的争夺，还有各种知识产权纠纷、对商业机密的争夺，看起来与普通人没什么关系的中美对抗，其实在某些前沿行业里，到处都是硝烟和战斗。身处其中，我甚至能体会到一点点钱学森归国的艰辛、“辽宁号”航母入列的难度。长路漫漫的背后，是无数人在默默努力。

后来我被挖到业内另一家公司担任人力行政总监。这家公司以快速并购整合为核心竞争力。这对我又提出了新的挑战，我不断学习、坚持学习，恶补了一些关于并购、上市的金融知识，连续报了和君MBA班、董秘班，参加股权交易、股权激励等各种培训，在学习方面前前后后花了几十万。我觉得，这些花销都是值得的，快速打破认知瓶颈的方式就是学习，学费是不能省的。实际情况也证明了这一点。我在处理多家公司的人力资源尽职调查及并购交接工作时，展现出了卓越的专业素养和沉稳的领导能力。我深入了解了每一家公司的文化和人员特点，制定了细致入微的融合方案。

人生是一场战斗，未来中国必定崛起，崛起之路必定是艰辛、跌宕起伏的。我们在时代的浪潮中必定要经历这些，所以不要逃避，要站到最前沿去，去经历、去成长、去学习，胜利终将属于我们每一个人。

05 开始新的征程，那山那海，我来了

在企业内做了这么久，我一直有个执念：想自己干，只是一直没想好要干什么，所以还在摸索。为什么要自己干？一方面是我觉得一路走过来，世界就是个草台班子，我为什么不能自己干呢？另一方面，我觉得还是要找到那个“一”，人生为一件事而来，不下场找，怎么可能找得到？

现在，我开始了新的征程，建立了自己的公司——上海东芯清聘管理咨询有限公司。“东”是东方的意思，东方必定崛起，中国必定伟大，东方即未来；“芯”是芯片的意思，也指悠悠寸草心（在为半导体产业服务的同时，我也心怀家国天下，虽然我的力量很微小，但依然怀揣着诚挚的情感，努力在回报这个世界）；“清”就是我，朗朗清清，我希望能把公司做成一家有温度、有情怀的公司；“聘”是人力资源的核心，突出核心，不局限于核心。所以，我把公司定名为“东芯清聘”。

这既是我全新的起点，也是我对既往的总结。人生为一件大事而来，我一路行来，一直没有感受到这世界对我的召唤。

应属于我的那座山，我等了很久，一直没有来。

那么现在，我对自己说：“不等了，你不来，我就去找你吧。”

我想对这世界说：“我来了，我来找你了。”

25 年零利润事业，为何坚守

余老师

余乐教育创始人

英语自然习得推广者

扬长避短教育倡导者

25年前，英语作为主科，是学生们考级、升学、择校、中高考、出国、择业的刚需。那时，学生们为了学好英语，纷纷投身多个课外班，英语培训机构也因此如雨后春笋般遍布大街小巷，知名机构更是常常人满为患。

然而，历经十数年的学习，效果却不尽如人意。学生们大多学到的只是应试英语，仅能应付考试，实际运用时却困难重重；或是哑巴英语，只能看读，听说能力严重不足；还有中式英语，以中文思维进行翻译式表达，不伦不类。这样的学习模式难以培养出英文思维，即便有机会出国，也难以融入当地社会，与当地人深入交往。

造成这种局面的原因，我认为主要是缺乏优质的教学资源和科学的教学方法。

没有好老师进行有效引导，没有好教材提供纯正的语言素材，没有好方法激发学生的学习兴趣和潜能，没有好习惯帮助学生持续学习进步，导致孩子们学得辛苦，家长们付出颇多却收效甚微，难以坚持下去。

那么，如何在不出国、不上国际学校的情况下，让学生拥有如同母语般自然地道的英文思维与表达能力呢？

其实，只要每天跟着有经验的外教老师学习45分钟（或者每周保持4~5小时的学习量），坚持2~3年，就能打下坚实的基础。

这种方法培养出来的孩子，发音和语感会非常地道，就像是在国外长大一样，英语水平几乎接近母语。听起来不错吧？

这便是25年后的今天，我经过梳理得出的结论。其间故事繁多，今日且来盘点我的三个闪光点。

01 高起点、快乐学习、自然习得的自学模式

45年前，在我的学生时代，英语学习通常从初中起步，而我的父母颇具远见，让我在小学时便跟随电视里的*Follow Me*节目，跟随外教开启英语启蒙之旅。节目中一边呈现短剧表演，一边进行讲解，尽管当时采用的仍是翻译式教学法，却已相当超前。令人意想不到的是，这个节目及其教学模式深刻影响了我的人生轨迹。

在学生时代，得益于外教英语启蒙，我学习英语毫不费力，一学即会，发音精准，单词看过便能记住，无须死记硬背，语感极佳，朗读时毫无中国腔，深感英语学习轻松容易，英语也成为我成绩最为优异的科目。

这种早期的启蒙经历让我深刻体会到，高起点的学习模式和自然习得的学习方法对于语言学习有着极大的助力，能够让学生在轻松愉快的氛围中开启语言学习之门，为日后的深入学习奠定坚实基础。

02 不累孩子、不费爸妈的快乐教学模式

工作后机缘巧合之下，我接手了一家培训学校。鉴于自身不擅长

数理化，亦不通琴棋书画，唯在学习英语方面最有心得，于是决定开设英语培训班。

我自己学习英语的经历，让我对怎么教英语有着很多不一样的想法。

我特别不喜欢那种只盯着考试、考级，只会刷题的传统教学法，就想让孩子们真正喜欢英语、学好英语，所以我设计了一套课程体系，没那么大压力，还很开心，也不用花很多钱，就能解决哑巴英语和中式英语的问题。

所以在找老师这事儿上，我一开始就认准了外教。为了能请来好外教，我们给出优厚的待遇，每次上课都派车接送。25年下来，师资一直很稳定，质量很高。

教材选用的是适合3~18岁孩子的国外原版书，还有各类原版阅读材料。教学方法很丰富很有趣，用唱歌、表演、画画、做游戏的方式，加上各种奖励。孩子们喜欢叫上小伙伴一起学，在学期末的时候，都催着爸妈续费，就怕报晚了抢不到名额。

课堂上和其他机构明显的区别是，采用原汁原味的沉浸式教学法，没有助教，没有翻译，孩子们直接浸泡在英语环境里学习，不用死记硬背单词，不抠语法，没有考试，课后没有作业，家长不用操心辅导，全靠孩子自主学习，家长省心省力，孩子轻松愉快，学习效果倍儿棒。就算是中考、高考前期，孩子们也不请假，把和外教学习当成一种放松、解压和享受的方式。

教学方式及氛围吸引孩子们的心，科学合理的课时制度，引导家长支持孩子长期学，坚持学习3~15年的都有。

后来课程不断升级，从一开始快乐口语，到现在用英语教各门学科，像数学、文学、物理、化学、地理、生物等科目，就像把北美的教育搬到了国内，让孩子们不出国也能学到西方文化。

班级从一开始的10人小班优化到4人精品班，到现在的一对一，上课的方式也从线下转为线上。

我就是想让那些没出国、没上国际学校的孩子也能快乐地学好英语，有个不一样的学习体验。这么多年来，我一直在努力，希望能帮到更多的孩子。

时光荏苒，25年转瞬即逝，不知不觉间已培养了上万名学生。这些学生不出国留学、不上国际学校，却能自如地运用英语交流，英语如同母语般自然地道。

他们外出旅游时可为父母担当翻译，自信地与外国人交谈，仿若在国外生活过一般。

在学校里，他们均是英语尖子生，考试成绩名列前茅，托福、雅思考试也能轻松斩获高分。

出国留学的学生能够无缝衔接海外学习与生活，毕业后顺利找到工作并定居海外。

还有孩子在考研考博时凭借出色的口语交流能力获得海外全奖，在众多高分甚至满分但口语欠佳的竞争者中脱颖而出。

国内大学毕业后非英语专业的学生，亦有前往新东方担任英语教师的，即便面临“双减”与新冠疫情的双重挑战，依然坚守教师岗位。

这种快乐教学模式的核心在于激发孩子的内在学习动力，让他们在兴趣的引领下主动探索英语世界。通过营造轻松愉快的学习环境，使用丰富多样的教学方法和纯正的教学资源，孩子们能够在不知不觉中提高英语水平，同时也减轻了家长的负担，实现了教育的双赢。

03 引领家长，不迎合市场的特色经营模式

每一个新教学点皆由家长助力开辟，以往的线下教室亦是家长帮忙找寻的。25年来，宣传推广全靠家长的口碑相传与转介绍。

注重筛选与我们价值观、教育观契合的家长，拒绝短期学习、急功近利以及仅将英语当作补习提分工具的家长。

专注于3—18岁孩子的学科培养，致力于让他们深入学习西方文化，而非单纯掌握一门语言。

始终秉持以孩子为本的理念，只做对孩子有益之事，不盲目迎合市场做应试培训，而是引领家长树立正确的教育观念。

从价值层面而言，我认为真正的竞争并非随波逐流，而是巧妙避开竞争。

我从不热衷随大流，即便应试考级类招生快、招得多、盈利高，我亦毫无兴趣，不为所动。我不忍看到孩子们目光呆滞地学习，唯有心疼与叹息，不利于孩子身心健康的事利益再大也不做，所以始终坚

持平价高质办学，让更多的孩子有机会加入。由于父母是孩子成长的天花板，每次外教在教室内授课，我则在教室外为家长传递正确的教育理念，如此坚持了25年。

我始终坚守做正确之事，问心无愧，内心坦荡。做事追求效率，善于寻找巧劲，以快乐享受的心态做事，因为平价和高成本之间存在矛盾，所以必须精打细算，以保证学校正常运营。对于自身不擅长之处，善于借助他人之力，将非核心部门外包，秉持轻资产、轻投入的理念。尤为感激办学前8年的销售经历，让我学会了洞察家长痛点、有效沟通、寻找解决方案以及危机公关，并将所学金融与直销知识运用到学校的经营管理中，在长期零利润的状况下，只凭借现金流支撑并坚守这一事业长达25年。

回顾这25年，虽有挫折困难，但如今已难以忆起，总体而言较为顺利愉快。想必是承蒙上天眷顾，才能在如此小众的领域坚守至今。诸多有实力的同行已消失不见，而我依然屹立不倒，定是因为做对了某些事。

历经各种危机后，我深感当下才是真正的挑战。如今教学已全面转向线上，我正思索如何借助互联网、自媒体、直播、短视频等平台，将我25年的国际教育经验传播至四方，助力更多家庭，让孩子轻松学英语看世界，用英语讲好中国故事。

此刻我正拜师学艺，希望能够汲取到高能量，再次引领家长，培育出具有全球视野与格局的中国新生代，准备开启下一个25年的征程！

英语学习有绝招 »»»
——激发语言学习潜能的钥匙

杨老师

- 极简英语创始人
- 曙光妈妈俱乐部创始人
- 北京奇迹少年国际教育咨询有限公司创始人

在全球化浪潮汹涌澎湃的今天，英语作为国际通用语言，其重要性不言而喻，无论是出国留学、国际商务交流，还是畅游世界、领略多元文化，英语都如同一把万能钥匙，为我们打开了一扇又一扇通往广阔世界的大门。然而面对这门语言，许多人在学习过程中感到迷茫和困惑，不知从何下手，或者虽努力学习，却收效甚微。其实英语学习有章法，掌握正确的节奏与方法，就能在英语学习的道路上稳步前行，实现从量变到质变的飞跃。“工欲善其事，必先利其器”，在英语学习的漫漫长路上，掌握有效的方法就如同拥有了精良的武器，能帮助学习者披荆斩棘，抵达成功的彼岸。以下便是我在英语学习和教学实践方面的经历以及总结出的一些方法，分享给有缘的朋友。

01 兴趣点燃——学习的原动力

兴趣是最好的老师，唯有点燃学生对英语的热情，学生才会有主动探索的欲望。我小时候跟着爷爷奶奶在农村长大，到初中才接触到英语，那时候学英语就是背单词、学语法和做题，拼的就是记忆力和勤奋努力的程度，和大多数人一样，英语对我来说就是应付考试，背完就忘，也不敢开口，害怕发音不对。而真正让我对英语产生兴趣的是网易的公开课，2010年年底，网易推出“全球名校视频公开课项目”，用户可以在线免费观看来自哈佛大学、牛津大学、耶鲁大学等世界知名高校，以及可汗学院、TED等机构提供的高质量教育视频资源，内容涵盖人文、教育、社会、艺术、科技、健康、创业、金融等多个领域。其中我最喜欢的一堂课是哈佛大学的《幸福心理学》，泰勒·本–沙哈尔（Tal Ben–Shahar）教授用科学的理论、智慧的语言和通俗的表达，让我明白：幸福是可以通过努力习得的。幸福的终极目标不是名利财富，幸福的人生态度是积极情绪、投入感、目标与意义、成就感，需要享受当下的每时每刻。只有找到自己真正的使命并努力发掘自己的潜力，全然地投入生活中，才能感悟幸福。从那时候起我就爱上了学英语，每天都要到网上看英文电影，听英语演讲，到亚马逊买原版的管理学和心理学的英文书籍。

如今在教学中，我经常会问学生有什么梦想，效仿的榜样是谁，我会放一段以梦想为主题的演讲或电影视频，然后布置任务让大家分组讨论和发问。梦想是黑夜里路上的光、脚前的灯，指引我们前行，随着年龄的增长以及知识和经验的积累，梦想有可能会改变，但一定不能没有。我也建议学生读名人自传，听名人演讲。在那一方舞台上，他们以富有感染力的言辞，分享着奋斗历程、人生经验与深邃的思考，于他们的话语间我们能洞见智慧之光芒，开启一场心灵与思想的奇妙之旅。例如，从乔布斯对科技与人文融合的执着倡导中，我领悟到创新需立足于人性需求。这些演讲似熠熠星辰，照亮我认知的苍穹，在我的心底种下思考与奋进的种子，激励我在人生路上不懈探索、勇敢逐梦，用更开阔的视野拥抱未来世界。

02 良师指路——站在巨人肩上

在求知的漫漫征程中，有幸得名师指路。

2013年冬天的一个下午，我结识了超级英语的创始人朱老师，他邀请我周末到他的课堂参观一下。出于好奇，我就去了。那是上海外国语大学的一间教室里，一共坐着十几个孩子，他们都在那儿埋头默写单词，朱老师一个一个给我介绍这些孩子，有的一天默写几百个甚至上千个单词；有的在默写课文，一天能够背几篇新课文，其中一个男孩上初中二年级，两个小时背了两篇《新概念英语4》中的课文，当时我感到十分吃惊，就问朱老师这些孩子是怎么做到的。朱老师拿着《新概念英语4》，很淡定地跟我说，这个在我们国家把它定义为大学英语六级，但是在英语国家是小学生都应该会的，英语国家的小学生会，我们国家的小学生也应该会；如果不会，那一定是老师教错了。接着朱老师向我讲了课程逻辑。

朱老师将其发明的超级英语定义为第二代英语课程，专注于将英语作为一种沟通交流的语言来学习，而不是局限于应试。相比之前的英语学习（第一代英语课程），第二代英语课程将通过完全不同的认知高度，大大提高学员的学习效率！

第一代英语背单词，是一个一个地背；

第二代英语是十个、二十个单词一起背，而且不强调任何规律！

第一代英语是从《新概念英语》第一册、第二册开始学；

第二代英语是从《新概念英语》第四册开始学（小学生也一样），背课文比背单词更简单！

第一代英语是每天上课、做卷子、刷题、讲题！

第二代英语刷题是整本书整本书地刷！要考什么就刷什么题！像看中文小说一样，几天读完一本书！

第一代英语只有10%的天才学生能找到语感，感觉学英语比较轻松；90%的学生无法阅读英文原版小说，看不了英文电影和新闻，连美国的小学生都不如！

第二代英语98%的学生能轻松找到语感，认为学英语、背单词、背课文、练口语、考试都是轻松简单好玩的事！

朱老师说他之所以取名为“超级英语”，就是让孩子学英语超级简单！

央视和江苏卫视专门报道超级英语的教学特色，接受辅导的学生日后考入了牛津、剑桥、北大等名校。90%的初中生经过一年训练可达到大学英语四、六级水平，初中毕业前可考取雅思、托福高分。

接着朱老师测试了我的英语水平和语言学习能力，朱老师凭借深厚的学养与敏锐的洞察力，用简洁的话语拨开迷雾，以生活实例比喻巧妙引导，让抽象概念瞬间清晰，让我从全新视角去认知和领悟。如今我不仅学会了英语教学，更学会了思考与探索。朱老师的教导是我成长的羽翼，让我在教育之路上飞得更高更远。这份恩情如春雨，滋润心灵，我将铭记终生，以不懈努力回报他，未来绽放属于自己的光彩，不负老师的厚望。

03 专业系统构建——独特的技能与视野

词汇是英语学习的基石，没有丰富的词汇量，听、说、读、写都将成为无本之木。然而，传统的死记硬背方式往往枯燥低效，遗忘的速度比记忆的速度快，使学生陷入深深的挫败感中。

这时，学生可以从其他角度切入学习，比如用市面上常见的记忆法去记单词，如词根词缀法、情境记忆法、故事串联法、分类记忆法等。此外，利用词汇记忆软件也是现代学习不可或缺的手段，像百词斩、墨墨背单词等软件。

还可以用我们极简的词汇学习法，通过3～8次课的强化训练，学生每天能轻松背默100个以上新单词，这项技能经过持续强化训练后，每天能背默几百甚至上千个单词，一学期的单词半天或者一天就背完了，这是颠覆传统英语的教学逻辑的。

我们会训练学生用看电视的状态记英语单词。学习语言、记忆语言一定要用看电视、看电影或做游戏的不动脑筋的最佳记忆状态。实际上在第一次看电视节目的一个小时的过程中，你的大脑能记住几十万幅画面。这不是潜能，而是每个人天生具备的本能。既不动脑筋又能回忆出几乎所有的电视画面和情节，而老师能测试出学生是不是在用看电视、看电影的状态来学英语。实际上学英语像学游泳、骑自行车、开车一样，都是在找感觉，一旦找到感觉，就会觉得学英语非常简单。

对于初学者，我们通常建议他们设定短期目标，例如在7天内掌握基础的500个常用词汇以及简单的日常用语表达。可以将单词分类记忆，像按照生活场景分为家庭、学校、购物等类别，这样有组织的记忆方式有助于提高效率。

对于有一定基础、准备参加雅思或托福等考试的学生，学习计划则更加系统和有针对性。以3个月的备考期为例：

第一个月着重提升词汇量至10000个，同时巩固语法知识，特别是各类从句、时态和语态的综合运用。

第二个月则要将重点转移到听力、口语、阅读和写作的专项训练上。

第三个月进入冲刺阶段，要进行全真模拟考试，按照考试时间和要求严格执行，找出薄弱环节，再有针对性地进行强化训练。

提升考试成绩和语言运用能力最有效的方式就是背默课文，我们一般会要求小学毕业前背完《新概念英语2》全部课文，初中毕业前背完《新概念英语》第三册、第四册全部课文，这样高中和大学就不用花大量时间在英语学习上了，学生可以把时间放在其他学科和发展自身特长上。

语言是文化的载体，英语学习不能脱离英语国家的文化背景。我鼓励学生去学习英语国家的历史、地理、宗教、风俗习惯、节日庆典等方面的知识。我也鼓励学生阅读英语国家的文学作品，这是了解其文化的重要途径。从莎士比亚的戏剧到简·奥斯汀的小说，从马克·吐温的幽默故事到J.K.罗琳的魔法世界，这些文学作品不仅展现了英语的魅力，也反映了英语国家不同历史时期的社会风貌和文化特征。学生在阅读过程中能够感受到英语文化的博大精深，从而提高学习英语的兴趣和热情。

04 家庭教育——孩子成长的基石与灯塔

在多年的教育生涯中，我深切地感受到家庭教育犹如一把神奇的刻刀，精心雕琢着孩子的品格；又是一盏明亮的灯塔，持续为孩子的学习之路指引方向，提供动力。良好的家庭环境与教育方式对孩子的全面成长有着不可低估的影响。父母的鼓励，多元化的激励方式，结合游戏学习和实践活动，能让孩子轻松掌握英语这门语言，越用越熟练，并且建立起强大的自信心。

大鹏一日同风起，
扶摇直上九万里

张凯珺

- 创业最暖男、全方位富足倡导者
- 专注打造个人持续收入系统 12 年
- 12 年富足轻资产创业者与创业教练

一辈子活几辈子。

十年上班、十二年创业，人生经历冰火两重天。不敢想象曾经那么保守求稳定的我，会踏上创业这条必须不断打破旧我成就新我的通衢之路，体验从多巴胺的爽到内啡肽的爽！拥抱全方位富足的生活，是我一生的追求。

01 人生的底色来自最可爱的人

我的父母都是军人，姥爷是打过日本鬼子的新四军，后曾任清华大学分校副校长等职务。小时候姥爷总是给我讲岳飞精忠报国的故事。我学会要忠于自己的国家，忠于自己的价值观与目标。放学回家，我总是先写完作业再去跟小朋友们玩，做到分清主次，抓住重点，聚焦目标；姥爷给我讲他与战友们打鬼子小队的伏击故事，让我感受到以弱斗强的勇气，后来一个大孩子再次抢我玩具时，我没有怯弱，而是偷偷跟随，知道了他的住处，告诉他再不还我东西，我就直接上门找他家长评理；姥爷给我讲在鬼子重兵追击下他和战友辗转游过7条小河得以生存的故事，原来打不过可以跑，困难暂时无法解决，可以放一放，不走极端，这在我后面创业时真的帮了我很多。

姥爷对我要求严格，不允许我抽烟喝酒，培养了我健康的生活习惯；不允许我浪费粮食，一粒米掉在桌子上，很可能要挨姥爷一筷子的打；总跟我讲要为人民服务，所以我从小就热心助人，不太愿意拒绝别人，愿意与人沟通，也知道要尝试站在别人的角度看待问题。

现在回看，这些健康、美好、正确的种子，就是这样被姥爷润物细无声般地播种在了我的心里。我人生的底色，也就这样被他老人家设定好了。

02 在困境里成长,在挑战中觉醒

身边亲人全在体制内，我从小就觉得应该找个好工作、好公司，一直干到退休。大学毕业后在小公司历练两年，之后自己选择了半年全职培训，有幸成为一名服务于一家500强IT企业的测试工程师。就在一切顺风顺水的时候，两件事情的发生，逆转了我的想法与人生轨迹。

2004年联想集团大裁员，一位员工发表了一篇火爆全网的文章《公司不是家》。看完后打破了我对工作上班到退休的信仰。原来上班，不是我想就行的。我意识到只有自己才是自己最大的靠山，不能只有职业，还要有自己的事业。

2013年春节，从台湾省旅行回来，刚下飞机就被告知老妈重病，便急奔医院。医生跟我说了三句话，我的心便像外面的天气般寒气逼人。第一句是，小伙子，你妈妈这个病叫格林–巴利综合征，没有药可以治（后来我才知道这个病是神经发炎萎缩，妈妈的肌肉也跟着萎缩，无法控制）。第二句是，我们还有最后一个办法可以试试，给你妈妈打丙种免疫球蛋白，提高你妈妈自身的抵抗力去消炎。我们只能护理她，但没有特效药。我当时就反问，你们医生最专业，别问我，直接给我妈妈用这个蛋白就好。第三句是，这个药打一天5000元左右，你妈妈的医保和保险不能报销，你打不打？

真是晴天霹雳一般！老妈正在经历生死时速，万一炎症蔓延，控制心脏跳动与肺部呼吸的神经失效，妈妈生命危矣！我爸爸在我5岁那年因公牺牲，就剩一个亲妈了。砸锅卖铁也必须打！其实我家存款最多能支撑打不到一个月的，超过一个月可能就要卖房子了。医生此时还不忘补了一句，就是今天打了5000元的，我们也不能保证你妈妈明天一定没事。他的严谨，又在我的心上扎了一刀。

此情此景，我也断不可能再上班了，因为每天都可能是见妈妈的最后一面。不是要提高老妈的抵抗力吗？在医生的允许下，凡是能提高抵抗力的，如灵芝、葡萄籽、VC、VE等都给用上了，想尽一切办法保住我妈的生命。这是我人生的至暗时刻，一路按部就班走过来的我，完全不知所措。面对妈妈的生死问题，我焦虑、恐惧、无助。如果妈妈没了，我的人生将会是怎样的光景？

就这么纠结、焦躁地过了半个月后，天可怜见，老妈终于开始消炎了！黑暗中，看到了老妈生的光芒，我内心别提多激动多开心了！两个月后，老妈开始做康复训练了。我人生里的第一道大关就这样过去了。

每每回想，都觉得不可思议。思考复盘后有三点感悟。首先，就是健康是无条件第一位的。这世界上居然还有病是没有药可以治的，还要靠人自己的免疫自愈。健康不是说说就有的，必须保证自己有免疫力、自愈能力，关键时刻是能保命的。

其次，别拿感冒等小毛病不当回事。医生推断，我妈妈的问题很可能和她前一周，在病毒性感冒期间还很劳累有关系。健康就是防微杜渐，注意保养，小毛病没有，大毛病才会更少。

在至暗时刻，给我些许安慰与一丝希望的是，两条700多元的银行卡到账短信，这是真正的持续收入。之前也有兼职尝试与一个国际品牌合作，建构并运营用户社群。因是玩票性质，就没太重视。十几个用户，每月主动购买，分红也就700元左右，也没太在意。但是在陪伴老妈的两个月里，原来上班的工资没有了，却有两笔700元准时入账。对我而言真是巨大的讽刺啊！小学到大学，14年的学习，只求找个稳定的工作干到退休。但把自己的命运交到别人手上，这真的稳定吗？人会老、会病、会干不动。到时候别人不要我了，我又当如何？跑外卖、开网约车、还是当“吉祥三保”（保安、保洁、保姆）？一心求稳定的我，其实根本就没走上可持续发展的那条路。经历过老妈的生死，我也放下了很多。既然人固有一死，为什么不换个方向，为自己拼一拼，打造属于自己的事业与真正的持续收入呢？

人教人难懂，事教人一次就懂。生活给了我一记响亮的耳光，原来是要把我打醒。这不就是我之前想要的收入吗？我需要的是持续稳定、由资产产生的现金流啊！我之前学习的财商都学到哪里去了？大部分事情光知道没有用，必须有切身体会才行。只是现在几百元的持续收入肯定不够，那我把它扩大不就好了？

说到底，财富是对认知的奖励，而不是单一的勤奋努力。用小米集团创始人雷军的话说：不要用战术上的勤奋，掩盖战略上的懒惰。

03 不经一番寒彻骨，怎得梅花扑鼻香

醒悟之后，经过一年的打拼，我成功建构了每月复购率在93%左右的用户社群，每月获取的持续收入，是我这个10年打工人最高月工资的两倍了。说到这里，我要告诉你结果没那么容易拿到。我经历了脱胎换骨的改变，这一切绝不轻松。

沟通交流、带领团队，这原本是工程师出身的我要挑战的领域。先被打碎的，是我的骄傲。一开始，与潜在用户沟通时，一旦对方不按照我准备的来，我就讲不下去了。与创业合作伙伴沟通，也习惯性地用以前打工人的思维、只从自己的立场谈事情，不做情感连接，并没有更多去聆听他人的感受和考量他们的现实处境等。

其实，这些都是因为我的观念、能力与目标不匹配。种种困难，也曾让我严重怀疑自己。但我是个不服输的人，从没想过放弃，有挑战就要有征服，不会就学，不对就改。一路陪伴我的创业导师团队，也以极大的包容心、耐心尽力支持我。扩大格局，把用户和合作伙伴

放进心里，去倾听和观察他们需要什么；身份转换，不是打工人了，要用创业者的身份要求自己。一遍遍沟通与梳理，让我可以从团队组织的角度思考和处理问题，让团队组织不断活化有生命力，团结有凝聚力。

这里我深深地感恩一路陪伴我的用户与合作伙伴们，给予我信任和支持。感恩所有帮助过我的老师们，是你们让我极速蜕变，而不是过早“夭折”。

04 集齐七颗龙珠 才能召唤神龙

十二年的社群创业之路，我十分清楚全方位的七大富足生活才是我要创造的。

身体富足，健康且长寿才是目标。老爸的因公牺牲，老妈的生死大关，让我痛得很清醒。

环境富足，创造安全环保的家庭小环境与自然大环境。即便是社会自然环境，我们每个人也可以尽一点点微薄之力。

财务富足，从严格的财商理论来看，财务自由是一种状态。每月被动收入大于每月总支出，就是财务自由状态。比如你每个月收2万房租，但每个月生活总支出是1万。收入不因你的工作，稳定而来。即便你生病、失去劳动能力、家人需要照顾陪伴，这个家也有强大的风险抵御能力。

思想富足，学到老，才能活到老。持续精进，与时俱进，保持自己的热情、好奇心、活力。我从一名工程师，经历锤炼成为自己事业的领导者。总是感到自己是年轻的且活在当下的。

社交富足，创造和收获可以持续一生的友谊。很多用户都成了我的朋友，不少合作伙伴都一起畅想过大家把房子买在一起。

精神富足，拥有更多自己可以支配的时间，更少的焦虑，内心平静而喜悦。从小缺失的亲情，让我更愿意陪家人。我现在70%的时间都是在家。日常和重要的日子都在家人身边。自己要么办公看书、要么就是与老婆一起伺候30多盆花花草草，或变身为两猫一狗的“铲屎官”。

情感富足，践行利他助人的使命，实现自己的价值，享受快乐富足的人生状态。一路走来，我与家人、用户、伙伴们用爱彼此滋养，我深深享受这样的感觉。

大鹏一日同风起，扶摇直上九万里。我们都在追寻幸福的样子，但又好像难以清晰地描述。这七大富足组合而成的全方位富足生活，就是我十二年来孜孜以求、不断奋力创造的生活图画。所有的事情，不要问好不好干，只问值不值去干。

只有正确的方向，才值得我们努力追寻。全方位富足的生活，才是我们的终极目标。分享我微不足道的人生经历，只是想给仍然在披星戴月的你、不服气的你、还有追求的你、也许有些迷茫的你，一点点鼓励和慰藉。愿这段文字，能如同一道微弱的光芒，给你一点点温暖，就像当初那两笔700元到账的短信给我的一样。

女儿的名校之路 »»»

——成长、挫折与坚持的交响曲

张雯琪

- 华西医科大学毕业
- 国家二级心理咨询师、人才测评师
- 成功规划女儿美国本科三年直博学业，获得 Top10 大学人工智能博士
- 人工智能 + 心理咨询 youcai.ai 联合创始人

01 教育之初：课外班的苦与甜

亲爱的读者朋友们，教育孩子就像踏上一场神秘且充满挑战的漫长旅程。这一路，满是未知，每一步都像是在迷雾中探寻，充满变数。今天，我想和大家分享我家闺女成长为名校学子的故事。其中有欢笑、有泪水，更有我对教育的深刻感悟，希望能给您带来启发。

我毕业于名牌医科大学，还是国家二级心理咨询师和人才测评师。起初，我自信满满，觉得凭借自己的专业知识，引导孩子成长易如反掌，能让孩子在学业和发展道路上一帆风顺。可当真正开始教育孩子，我才明白，其中的复杂远超想象，就像漆黑的晚上，在河里摸索前行一样，每一步都充满风险。

孩子小学时上课外班经历，至今使我难忘。我和闺女像勤劳的小蜜蜂，穿梭于各类课外班。绘画、舞蹈、音乐等兴趣班，我们几乎都尝试过，满心期待挖掘出女儿的天赋。然而，现实却让我失望，这些尝试大多如流星般短暂——百分之九十以上的课外班，女儿都没能坚持下来。

不过，在这些看似失败的尝试中，击剑却成了意外之喜。最初，击剑在丰富的课外班中毫不起眼，像被沙子掩埋的金子。但女儿接触后，眼中燃起兴奋之光，兴趣日益浓厚。击剑对体能和技巧要求极高，对孩子而言，每次训练都是巨大挑战。体能训练强度大，女儿挥剑时，那小小的身躯承受着极大的压力，时刻挑战着身体极限。而且，动作必须精准，丝毫偏差都可能导致失败，这对她的体力和意志力是双重考验。

但女儿如战士一般坚强，咬牙坚持。在这个过程中，她练就了非凡的专注力和判断力。赛场上，她精神高度专注，动作精准，能迅速洞察对手意图并做出最佳反应。这种能力成为她成长路上的宝贵财富。大学时，女儿凭借出色的击剑技能进入大学击剑队。在一次美国东海岸击剑比赛中，对手是美国海军学院的三名强壮的预备役军人学生。比赛初，女儿体力不占优势，但她冷静应对，凭借技巧和判断力扳回局面并取胜。那一刻，我明白，击剑对女儿意义非凡，它培养了女儿坚韧和专注的品质。

02 大学时光：努力让梦想起航

大学是充满机遇与挑战的新起点，是学子梦想启航和成长蜕变之地，对我女儿而言更是意义非凡。刚入学时，她和许多新生一样迷茫，像在大海中漂泊而无指南针的小船。大二那年，她得知有学姐提前完成学业，三年就毕业了，这消息如石子投入心湖，泛起涟漪。女儿心想，学姐能做到，自己也行，于是立下目标。

为实现目标，女儿付出了巨大努力。她积极向学长学姐请教，学习选课和时间安排的经验。选课对她而言，如同将军部署战役，她仔细研究课程难度、课程之间的关联性和教授风格，力求选出最佳组合，提高学习效率。同时，她充分利用假期，积极参加学校和其他国家学校的交换项目来挣学分。在这些项目中，她体验到各国的教育文化，也结交到世界各地的朋友。文化碰撞带来丰富的知识和经验，能拓宽视野，充实知识宝库，为之后的发展奠定坚实的基础。

而女儿在大学中最耀眼的时刻，无疑是在科研领域的精彩表现。参与教授科研课题，是她大学生涯最璀璨的篇章。在科研过程中，她深知紧跟教授思路和步骤的重要性，展现出了令人赞叹的细致与认真。

教授就像是科研旅程中的引路人，有着丰富的经验和深刻的见解。女儿总是全神贯注地聆听教授的讲解，眼睛里闪烁着求知若渴的光芒。她如同一块海绵，尽情地吸收着教授所传授的知识和方法，不放过任何一个细节。每次教授提出新的思路或者研究方向，女儿都会认真地记录下来，反复琢磨其中的内涵和逻辑。她并不满足于知道“是什么”，还要探究“为什么”。

在实验环节，这种细致认真更是体现得淋漓尽致。她会严格按照教授制定的步骤进行操作，每一个动作都小心翼翼，如同在雕琢一件珍贵的艺术品。对于实验中的数据采集，她更是严谨到了极致。她认真地记录、核对每一个数据，确保数据的准确性和可靠性。哪怕是极其微小的偏差，她也会重新检查实验过程，不放过任何可能影响结果的因素。这种对细节的把控，源于她对科研的敬畏之心，也展现了她对科研工作的高度责任感。

在查阅资料方面，她也毫不含糊。为了能更好地理解教授的研究思路，她深入到海量的文献资料中。面对如山的文献，她没有丝毫的畏惧和懈怠。她会仔细筛选与课题相关的内容，逐字逐句地研读，常常为了一个关键的观点或者数据，在文献的海洋中反复搜寻。她用不同颜色的笔标记出重点内容，在旁边写下自己的思考和理解。这些资料成为她紧跟教授思路的重要辅助，让她在科研的道路上越走越稳。

同时，女儿在团队讨论中也是积极且关键的一员。她会将自己在紧跟教授思路过程中所获得的感悟和想法分享出来，为团队带来新的启发。她认真倾听队友的发言，从中汲取有益的观点，与自己从教授那里学到的知识相互印证、融合。在讨论中，她尊重每一个人的意见，以开放的心态对待不同的想法，就像一座沟通的桥梁，将教授的指导与团队成员的智慧紧密相连，共同推动科研项目向前发展。

这些努力让她对专业知识有了更深入的理解，熟练掌握了学术研究的方法，为她申请博士学位奠定了坚如磐石的基础。

说到申请排名前10大学博士，推荐信至关重要，如同打开名校大门的金钥匙，而与教授良好“套瓷”是关键。这需学生全心投入课程和研究，展现对知识的渴望和学术热情。课堂上积极讨论，课后深入交流，向教授展示对课程的思考和见解。每个互动环节都像拼图块，构成推荐信的内容。女儿深知其重要性，很珍惜交流机会。

03 教育反思：规划和陪伴缺一不可

在孩子的教育历程中，我们难免遇到挫折和失误，这些经历让我们不得不审视教育方法和理念。让女儿读美高9升9的决定，就是深刻教训。当时，我们被表面优势迷惑，未全面考虑，以为这对孩子发展有利。结果事与愿违，这一决定不仅耗费了大量金钱和时间，还严重影响了女儿的心理健康。

在美高的陌生环境里，女儿面临诸多难题。学习压力增大，课程难度提升让她受挫，自信受打击。不同教育体系的适应问题，也让她有些迷茫。人际关系困扰更是让她难受，异国他乡的文化和语言差异，像屏障阻碍她与同学、老师相处。这些问题交织，让女儿承受着巨大心理压力，进而变得焦虑沮丧，眼中光彩渐失，活力不再。作为母亲，看到女儿这样，我满心自责和担忧，这种感觉像细密的针扎在心上，虽不剧烈，但持续的疼痛也让我极度难受。

从这次经历中，我深刻体会到专业指导和合理规划对孩子教育的关键作用。孩子教育如建大厦，规划不合理，大厦易出问题。每个教育决策都是基石，不稳则大厦摇摇欲坠。后续升学规划中，我们吸取教训，明白家长陪伴、升学机构指导、孩子努力三者缺一不可。我们更用心地陪伴女儿，在她受挫时给她温暖鼓励，在她迷茫时耐心倾听并认真分析她遇到的问题，帮她找到解决问题的方向。升学机构凭借专业知识和经验，为我们提供合理升学计划。女儿也从挫折中汲取力量，积极面对挑战。三者结合，让我们在教育路上取得阶段性成果，女儿逐渐走出困境，重拾自信与快乐。

回顾女儿从上公立小学时的懵懂无知，到上国际学校初高中时的成长，再到上美国大学时的蜕变，最后叩开排名前10大学博士的大门，我感慨万千。教育像漫长艰辛的马拉松，充满艰难险阻。作为家长，我们是孩子的陪跑者，要在他们受挫时给予支持，在迷茫时指明方向。我们要尊重孩子的独特性，每个孩子都是独特的花朵，有自己的花期和色彩，不能用世俗标准衡量，我们要用爱和耐心发现孩子的闪光点。让孩子明白，成长虽有荆棘，但坚持就能收获成功。

我希望我的故事能为因孩子升学而发愁的家长带来希望和启示。孩子升学之路虽艰辛，无捷径，但有方法。只要我们用心陪伴引导，就能助他们走出辉煌之路。

传承刘氏家学，造福人类社会

刘灵

河南国学联盟有限公司联合创始人

中国奇门数码决策研究院（香港）副院长

全国促进传统文化发展工程刘伯温文化研究会副主任

因为骨子里喜欢国学文化，所以我在追求人生的道路上不断进取，勇敢追梦，勇敢做自己，与国学文化结下了深厚的缘分。在缘分的促使下，我与先生刘广斌相遇结合，一步步担负起刘氏家学的传承。

01 沐浴在先祖的光环下

刘伯温，明朝开国军师，元末明初著名的政治家、军事家、文学家。明武宗评价他“渡江策士无双，开国文臣第一”，被誉为“立德、立功、立言”的三不朽伟人，其思想和功绩一直影响至今。

刘伯温“立德”表现在清廉刚毅、不畏强权、不徇私情，依法惩处了中书省高官李善长的亲信李彬。刘伯温品德高尚、廉洁自律，在家训和行为上也处处严格要求自己，临终前撕毁了奢华的墓图，强调人应该以土为床，与草为伴，反对奢侈浪费、提倡生活俭朴，为后世做出了标杆性的道德典范。

现在文成县南田镇的刘伯温庙和广场，是“浙江省党政干部清正廉洁教育基地”和“国家级重点文物保护单位”。

他“立功”表现在用八年时间（1360—1368）辅助朱元璋推翻元朝统治，扫平张士诚、陈友谅等地方割据，建立大明一统天下。开国后又为朱元璋制定了《大明律》和军卫法，为国家的安定和发展做出了巨大贡献。

他“立言”更为突出，在复杂的政务环境中仍坚持创作，名列明清诗词散文八大家之首。创作了《郁离子》2卷、《覆瓿集》并拾遗20卷、《写情集》4卷、《犁眉公集》5卷、《春秋明经》4卷，他的诗作1301首，词作233首，散文235篇，寓言195篇，序、记、跋、赋121篇。这些作品不仅在当时产生了深远的影响，对现代文化建设也提供了丰富的资源。

综上所述，刘伯温的“立德、立功、立言”对现代廉政建设产生了深远的影响，他的高尚品德、政治才能和文学成就，都为现代廉政建设提供了宝贵的资源和启示。

随着时间推移，刘伯温在明朝开国中的作用和地位不断得到肯定。封建皇帝崇拜他，把他看成是千古忠君的帝师王佐；老百姓神化他，把他看成先知先觉的智慧化身。数百年来，有关刘伯温的神话和智慧故事车载斗量，数不胜数，不但深为民众所喜爱，更为专家学者所推崇。

特别是当代，刘伯温文化的研究已遍及世界各地。可喜的是中国科学院国际学术交流中心、中国关心下一代工作委员会教育发展中心、共青团中央中国国际青年交流中心，联合成立的“全国促进传统文化发展工程工作委员会”，为了更进一步的推广和传承刘伯温文化，于2013 年10月14日，批准成立了“全国促进传统文化发展工程刘伯温文化研究开发工作委员会”。

02 奋斗在传承的路途中

刘伯温已为世人所景仰，作为意志继承者，应向更多人传播智慧，更应该将其思想弘扬光大。同时提升自己的修为，铭记着刘氏家风家训，即“重文崇智，尚俭倡廉”，为后人提供宝贵的借鉴。

2012年，我和先生带众弟子向先祖刘伯温敬献了一对华表，矗立在刘伯温广场，一是追思先祖，二是让后人了解先祖的功德，学习他的三不朽精神。

在此我们还收集了700多个刘伯温的传说和故事，编辑成册并写成了微电影剧本，配合相关宣传工作。同时我还参与了刘广斌先生《时空数码》《奇门预测学》《刘氏奇门秘笈》等书的编辑出版工作以及整理相关讲稿文字，希望能让刘伯温文化爱好者更进一步了解传统文化，进而传播传统文化，将传统文化融入日常工作与生活实践。

随着传统文化的传承发展被摆在突出位置，其核心要义在于紧密贴合社会实际，精准发力解决发展痛点，聚焦百姓生活实际需求，实实在在解决每个人在生活中的实际需求，真正发挥其推动社会稳步向前的力量。不少有识之士与团体在相关倡导下，开启了探索践行之路。我们也响应趋势发展，以刘伯温的历史智慧与文化内涵为依托，与多家企业展开交流探讨。

上海某物流企业，起步时凭借10万元购置两辆解放牌货车，逐步发展到拥有15辆奔驰大货车后，遇到发展瓶颈，徘徊两年多难以突破。2006 年面对上海物流行业发展瓶颈的现状，我们深入分析其现状和原因，参考刘伯温在战略布局等方面展现的智慧理念提出：在商业竞争中要洞察先机、顺势而为。宝山地区钢材运输有地理优势，国内外商户采购钢材后存放需求大。于是建议企业建立仓储为客户代管钢材，同时配套建设四处仓储和6条加工生产线，打造仓储、加工一站式服务模式。此后，企业产值大幅增长，由原来的年产值300多万元升至3000多万元。后续几年持续发展，产值早已突破亿元，即便在疫情冲击下，企业凭借合理的经营策略，产值仍稳步上升。在企业发展过程中，从选址规划、办公区域分配到大型加工生产设备的运作空间设计，皆借鉴历史经验与合理的商业逻辑来进行布局。

湖北钟祥市有一矿产企业，此前因经营不善，连年亏损，债台高筑，企业法人楚先生虽广招贤才却无力回天，春节都不敢回家过年。经熟人介绍，我和先生前往实地勘察，从企业运营的多方面，包括办公室布局的合理性、厂房车间的科学规划、领导成员业务分工优化、井口方位布局和施工班组的有效调整、形象招牌设计的改进等进行梳理，给出一套整改方案。企业实施后面貌焕然一新，迅猛发展，效益相比过去增长数十倍，一年纯利润达到1.6亿元。这一过程主要是依据合理的商业分析、管理经验与对行业的深刻洞察，而非依赖超自然因素。

刘伯温思想蕴含着事物发展变化、相互转化的辩证思维，如“否极泰来”的观念，能启发身处在困难中的人保持乐观，也可辅助商业战略布局，为企业在市场把握时机、店铺选址方位等决策上提供参考思路。在个人探索方面，其文化内涵也能为人们在生活和事业困惑时提供有益的思考方向。

人生就是一部电影，自己是导演也是主演，演什么样的人生戏剧全在于自己。我的先生是刘伯温第22代嫡孙刘广斌，他出版了十几部学术专著，在传统文化研究领域有深厚造诣。受他的影响，我也投身于传承和弘扬刘氏家学。作为刘伯温的后人，下决心要将刘伯温文化服务于百姓的生活，融入社会的发展。

03 努力传承福及后代

文化就像空气一样，人人都离不开它，时刻都要呼吸，是人们生活中不可或缺的部分。文化渗透到我们生活的各个角落，如思维方式、价值观、为人处事、知识、信仰，还有包括婚丧嫁娶的习俗，每个细节都体现着文化。当下很多人都会说我喜欢中国传统文化，请问文化的生命力在哪里呢？出生成长在周口这片文化底蕴深厚的福地上，主动传承历史文化就是使其保持强大生命力的最好方式。

弘扬刘伯温文化的理想和目的，一是传承智慧，刘伯温以卓越的谋略，深邃的哲学思想而闻名，弘扬其文化可以将他在政治、军事、文学等诸多领域的智慧传承下去，像他的兵法谋略对研究古代军事智慧有重要价值，后人能从中学到战略思维方式。

二是增强文化认同，刘伯温文化是中华传统文化的一部分，通过弘扬，可以让人们更深入了解本土文化，增强民族自豪感和文化归属感。

三是丰富精神内涵，他刚正不阿、清正廉洁的品质以及为国家和社会殚精竭虑的精神，能够激励当代人树立正确的价值观和责任感，起到道德示范作用。

四是能够促进文旅融合，刘伯温的遗迹等相关文化资源，可以推动当地文化旅游产业的发展，带动经济增长。

我们人活这一辈子，无论怎么个活法，不管是哪个行业的人，到了一定层次之后，都要悟到这个道理：如果企业只讲一些销售的技巧，那么企业在术的方面就层次低。若企业真想做成百年老店，那就要认识规律，顺应规律，在道德层次上去理解观察问题。人生都需要成长，一起学习领会其中的道理，并落实在我们生命中间去，提高自己的境界修为，能让自己的家庭事业变得越来越好，这只是我个人的一点体会。向那些圣人们表示感恩，因为有这么精彩的智慧供我们学习，我有责任传承它、弘扬它，成为一个有力量且内心富足的人！

内心修炼与素食的转变之路 »»»

澜月

- 营养师和健康管理师
- 一个素龄 8 年的中年美少女

这是一段关于成长与觉醒的故事。

每个人心中都有一段深藏的故事，或许是对过去的回忆，或许是对未来的期望。对我来说，这是一段关于寻找爱与自我疗愈的故事。我出生在一个重男轻女的家庭，因为是女孩的关系，我从小缺乏父爱。母亲虽然爱我，但还要照顾其他兄弟姐妹，分身乏术，无法给我更多的情感关怀，再加上父亲的抱怨和打压，小小的我就成了那个被亲人之间踢来踢去的“皮球”。这样的成长环境让我学会了如何隐藏内心的孤独和痛苦，但同时也让我在无数的低谷中找不到前行的力量，早早逃离了那个本该庇佑我健康成长的家。

直到我到了加拿大之后，素食成了我转变的契机。在那之前，我的人生充满了许多挣扎与迷茫。然而，当我开始放下对物质的依赖，选择尊重生命，我的饮食方式也跟着发生了改变，我的身心状态也迎来了翻天覆地的变化。这不仅仅是一场饮食习惯的改变，更是一种心灵的觉醒，一次深刻的内心修炼。

我希望能通过我的经历，分享素食对身心健康的积极影响，并探讨内心富足的真正意义。我相信，这个世界上每一个人都拥有改变自己的力量，而这份力量，往往来自我们内心坚定的选择与坚持。

01 来自内心的缺失——我如何面对孤独与忧郁

我从小就在父母的争吵和打架声中默默长大，母亲需要照顾一家老小，对身为长女的我照顾力不从心。在这样的成长环境中，小小的我就学会了如何隐藏自己的感受。从3年级开始，我就每年换一个学校，这导致我的学习成绩就像坐过山车，时高时低。第一次换学校之后的第一次考试，我有一科没有考到100，老师（也是我亲戚）拿着尺子，在全班同学面前把我的手掌打得肿了好几天，还说如果不好好学习，下次没有达到她要求，会在全校同学面前打我的手心。这一刻的我成了她杀鸡儆猴树立威信的工具（因为别人家的孩子不能真打，自己家的孩子可以）。那时候的我感受到了前所未有的挫败感，非常渴望得到更多来自父母的爱和关怀，但这种渴望由于母亲不在身边而得不到回应。就这样，我学会了隐藏内心的孤独和痛苦，并认识到自己一定要更加努力，更加坚强，要去寻找内心的力量。

当我进入青年时期，我的内心开始变得更加敏感。爱与关怀的缺失，像阴霾一样笼罩了我的内心世界。我早早步入婚姻，企图以此来逃离我的原生家庭。可后来由于我前夫的背叛，我的婚变成了压垮我的最后一根稻草，我开始变得自卑，总是怀疑自己不够好，不知自己是否值得被爱。这些情感上的困扰，最终在我的生活中爆发出来，抑郁症成了我无法逃避的阴影。

无数夜晚，我独自一人时，脑海中总是充满了自我怀疑和负面情绪。我试图专注于追求物质来填补内心的空虚，开始一年365天无休的工作，物质条件确实越来越好，可空虚的内心并没有得到满足。我对爱情的渴望也成了我内心的痛苦，第二次的情感挫折让我越来越觉得自己是个失败者，我发现自己的抑郁症又开始越来越严重，这一次我选择了逃离，来到了万里之外加拿大，开始了漫长的自我疗愈之路。

02 素食，改变自己的第一步

就在我对人生感到迷茫和无望的时候，素食出现在我的生活中。这个选择并不是一开始就有意识地去选择的，而是一个偶然的机会。我参加了一个素食宴会，并且结识了几位后来对我影响深远的智者。当时的我对素食并没有太多了解，从小我就跟外婆有过短暂的吃素经历，认为素食只是饮食上吃简单的水煮蔬菜和水果，没想到这场宴会让我大开眼界。我很快被宴会上丰富且新奇的菜品和精致的摆盘所吸引。

与传统饮食习惯不同，素食让我感受到一种久违的轻盈感。每一口食物都是那么新鲜，没有过多的调味，甚至让我吃到了小时候食物本来的味道。在后来的机缘巧合下，我开始了长期素食。这样过了一段时间后，我开始发现，当我从传统的饮食模式中抽离，逐渐进入素食的世界时，自己的味觉和嗅觉比以前灵敏了，情绪也发生了微妙的变化：内心的焦虑开始减少，脾气更好了，心态也变得比以前更加平和。

虽然素食不能马上解决所有问题，但它却为我带来一个新的选择，让我开始认识到自己的身体和内心真正需要的滋养。素食，成了我疗愈的第一步。很快我就迈出了素食推广的步伐，为了让大家对素食有更好的印象和体验，有一段时间我天天泡在厨房，研究菜品的搭配和摆盘。自己的厨艺由此从只会做荤食的家庭主妇水平，提升至一个可以做出色美味且营养俱全菜品的专业厨师级水平。

03 素食与身心健康的深刻联系

随着我逐渐深入了解素食，我开始发现它对我身体的各种好处。长期的肉食习惯对人体健康造成的负担不容忽视，动物类食品中的高胆固醇和饱和脂肪常常是心血管疾病的元凶。同时我也在思考一个问题，小时候我们养一年才可以吃的鸡，现在只需要养35天就成熟可以上桌了，它安全吗？真的可以放心吃吗？而植物类食物不同的地方则是提供了更多更安全的膳食纤维、维生素和天然抗氧化剂，这些都是保持身体健康所必需的。但是很多人对素食这种生活方式是很不认同的，后来我接触了一本叫《非药而愈》的书，作者徐嘉博士通过科学的研究，多角度全面解读了营养学的危机和日常饮食的误区，提出了

“蔬果豆谷”为主的低脂全植物健康饮食方式，并详细解说了饮食疗愈身体的机制。通过改善饮食习惯，能唤醒身体的自愈力，可以让我这种亚健康身体状态和情绪方面问题得到改善。这完全颠覆了曾经学习营养方面知识的我的认知，看完这本书，我决定开始长期素食。

我在完全改变饮食习惯的几个月后，明显感觉到肌肤的光泽度有了提高，整体的精神状况也很好，那些曾经困扰我的失眠、焦虑、睡不醒的情况似乎也不再那么频繁出现。素食大约两三年后，困扰我的家族遗传性皮肤问题也得到了改善。而我家那些没有改变饮食方式的家人还是和以前一样，需要长期依赖药物来控制病情。我真的非常感谢这份来自大自然的恩赐。在这里，我也强烈推荐大家可以去看一下这本书，相信大家可以在这本书里找到自己身体的健康密码。

素食不仅改变了我的身体，也改善了我的心灵。当我选择尊重每一个生命，放下对肉食的口腹之欲，不对其他动物生命进行剥夺，我的内心也开始变得更加平和。我不再对过去的痛苦和缺失保持固执，而是选择以一颗宽容和慈悲的心去面对自己，面对世界，我也终于和自己和解了。

04 我因素食而找到了真爱

素食就是我生命裂缝里面照进来的那一束光，照亮了我前行的道路，也让我看到更多的可能与希望。我会坚持用我的余生来推广素食这种饮食和生活方式，让更多的人了解素食的真相和好处，我知道这条路漫长而艰难，但是我相信只要我一直在这条路上前行，就一定可以影响更多的朋友加入素食这个大家庭。

在这段素食之旅中，素食让我更深地了解到爱的真谛。我不仅重获健康，还找回了心灵的力量。当我开始不再依赖外界的评价和认可，而是依靠自己安宁的内心来面对生活的挑战时，我的生活逐渐有了更多的光亮。这份来自内心的富足、平和、喜悦和安定，让我更加坚信爱的力量。

正是在这份力量的引领下，我身边的一些朋友受到我的影响，开始了素食生活，或者少肉多蔬菜水果的饮食方式，后来遇到了我现在的先生——一位从最开始只是单纯想让我开心，陪我吃素，到现在从心里接受并且开始长期素食，且比我年轻许多的先生。他理解我，并且支持我推广素食，愿意与我一起走向更好的未来。我们共同追求的是一个健康、简单、充满爱与关怀的生活，我们寻求内心的宁静与充实。所以我经常跟我的朋友们说："素食从来都不是目的，爱才是。爱自己，爱家人，爱其他和我们一样，共同生活在这个星球的其他有情众生。"

05 富足的力量来自内心的选择

在THE ULTIMATE QUOTABLE EINSTEIN（爱因斯坦终极语

录）里有这样一段话，翻译过来大意是："尽管外界环境一直阻碍我实行完全素食，但我一直拥护着这个原则。在我看来，除了赞同素食主义的目标是为了审美和道德上的理由，素食者的生活方式纯粹在物质上对人类性情的影响来看，就能对全人类的命运造成有益的影响。"

所以我们吃素不是目的，吃素只是一种方法，用来连接我们那颗慈悲的心，来传达我们的信息，让我们的心产生变化，吃素不是一个动作，而是代表我们美好的愿望和梦想，也代表着我们内心对这个世界最简单美好的爱，因为不管是爱还是美，都是由我们的心中产生的。

我曾经看到一篇文章，说的是如果想要改变命运，不妨先从素食开始吧，让自己身体更加健康，让自己的内在和平喜悦，内心更加富足又丰盈。当你散发出这种能量的时候，你就会吸引越来越多美好的人和事来到你身边，这就是富足的力量，而这种力量来源于你的内在，来源于你的爱和慈悲，来源于对生命的尊重和对自然的敬畏，来源于你对这个世界的感恩与付出。

回首过去，我心中充满感激与欣慰。曾经过去的那些伤痛与迷茫，早已不再困扰我。素食之后，我开始关注自己的身体和心灵之间的平衡和共同健康，这让我更加清晰地认识到自己真正的需求，让我找到了内心的平静，从而确定了我余生要做的事业，也让我学会了如何去爱。我相信，每个人都拥有改变自己、改变世界的力量，而这份力量，正来自我们内心的富足。我希望所有的朋友都能够和我一样找到自己的人生使命和幸福的未来。

从小镇青年，»»» 到名门望族家族办公室管理合伙人

张福生

- 璟承联合家族办公室郑州中心创始合伙人总经理
- 35 年金融、财富管理行业经验，拥有 CFC、CWM、CPBA 资格认证

在人生的长河中，成功或许是那璀璨夺目的浪花，引人注目，令人向往；但成长却是那条蜿蜒曲折的河流本身，它承载着我们的欢笑与泪水，记录着我们的坚韧与不屈。

从一个小镇青年，到成为名门望族家族办公室的管理合伙人，我35年的人生旅程，是一段关于成长与蜕变的传奇。

01 追梦：未经“预赛”，直夺“冠军”

1987年的夏天，我怀揣着对未来的憧憬，从吉林师大物理系毕业，踏入了吉林省磐石市第一中学的大门，成了一名物理教师，同时兼任着学校计算机室管理员的职务。那时的我或许从未想过，这份看似平凡的工作，会成为我人生转折的起点。

在教书育人的同时，我接触到了BASIC语言、dBASE数据库管理系统，这些冰冷的代码仿佛为我打开了一个全新的世界。我沉浸其中，乐此不疲，同时协助学校编制了用于统计分数、成绩排名的程序，让烦琐的工作变得井然有序。这段经历，不仅锻炼了我的技术能力，更在我心中埋下了一颗追求技术梦想的种子。

1990年，命运之神对我露出了微笑。中国人保磐石支公司招聘电脑系统管理员，全市共有12人报名，而我因故未能参加初试。然而，命运总是充满戏剧性，其他11名应聘者均未通过上级电脑处的考试。

于是，我被临时邀请协助应对上级检查工作。一个多小时的现场面试，我凭借着扎实的技术功底和冷静的应变能力，意外地被录取了。那一刻，我仿佛听到了命运之门的开启声。从此，我踏入了令人羡慕的金融领域，开启了一段长达8年的金融软件设计与管理生涯。

好运永远垂青有梦想、并时刻准备着的人，我就是那个幸运的人！

02 挑战：舍弃金饭碗，捧起泥饭碗

在金融系统的日子里，我凭借着认真学习的态度和积极向上的精神，迅速成长为全省60多名同行中的佼佼者。我多次参与软件系统的开发、试点与推广工作，每一次的成功都让我更坚信自己的选择。我参与开发的软件系统荣获了省科技进步二等奖，支公司也多次被评为先进单位，我个人也被评为先进个人，并晋升为计算机软件工程师中级职称。单位还为我分配了住房，工资与福利都令人羡慕不已。

然而，正当我享受着稳定与安逸时，内心深处却涌动着一股不安分的力量。1997年，我有幸被奖励去香港学习考察。途中经过深圳时，我拜访了高中同学。他大学毕业后放弃了进入国企的机会，选择到深圳的民营企业发展。他设计的工厂如花园般美丽，他的拼搏精神更让我深受触动。目睹香港的繁华与金融软件系统的先进，我内心的某种渴望被彻底唤醒了——我要闯出自己的世界！

经过反复纠结与权衡，我于1998年毅然辞去了保险公司的工作，踏上了自由市场的征途。这一决定，对许多人来说或许难以理解，但对我而言，却是对自我价值的追求与实现。我深知，只有不断挑战自我，才能不断成长与进步。

03 跃迁：从四线小城，到都市北京

离开了保险公司，我并未感到迷茫与失落。相反，我迎来了更多的机遇与挑战。省公司电脑处的李处长仍时常给我介绍软件开发生意，让我得以在自主经营的道路上逐渐站稳脚跟。然而，自主经营并非易事，它需要面对各种不确定性与风险。但正是这些挑战，让我更坚定了自己的信念与决心。

2000年，经李处长推荐，我踏入高阳金信（北京）信息技术有限公司的大门，担任保险行业软件设计咨询顾问。这一职位不仅让我接触到了更广阔的天地，也让我深刻体会到了金融与科技的融合之美。在这里，我不断学习与进步，逐渐成为团队中的佼佼者。

04 抉择：从前程似锦，到前路未卜

2002年，我意识到自己在金融软件行业的发展已接近天花板，决定转战金融营销领域。这一决定对许多人来说或许意味着放弃已有的

成就与地位，但对我而言，却是对自我价值的再次探索与突破。我从最底层的保险代理人做起，每一步都走得异常艰难。但我从未放弃过学习与进步。我深知，只有不断提升自己的专业素养与综合能力，才能在激烈的竞争中脱颖而出。

我努力学习金融知识，不断提升自己的专业技能。我获得了RFC、CFC、CWM、CPBA等专业认证，这些证书不仅是我专业能力的证明，更是我不断进取的见证。我多年荣获IDA国际龙奖和MDRT会员资格，这些荣誉不仅让我收获了物质上的回报，更让我在精神上得到了极大的满足与鼓舞。

2011年，我凭借出色的业绩与领导能力，成为拥有40多名成员的营业部经理，年收入近百万元。然而，我并未因此而满足。我深知，只有不断挑战自我，才能不断成长与突破。

2014年，我主动辞去了营业部经理的职务，与四位志同道合的伙伴共同创立了金石财策（北京）顾问有限公司。我们致力于为客户提供一站式财富管理服务，让更多的人享受到专业、贴心的金融服务。

05 绝境：一纸诊断报告，人生坠入低谷

创业的道路并非一帆风顺。经过三年的发展，公司虽然逐渐崭露头角，并获得了上市公司PINTEC品钛的战略投资，但我也因此付出了巨大的努力与牺牲。

2017年6月，我突感身体乏力，起初并未在意。然而，随着症状的加重，我开始意识到问题的严重性。经过三家三甲医院的检查与确诊，我收到了甲状腺癌变的诊断报告。那一刻，我仿佛跌入了冰窖，心中充满了恐惧与绝望。

然而，家人的关爱与朋友的鼓励让我逐渐振作起来。我深知，只有积极面对，才能战胜病魔。于是，我调整心态，积极配合医生的治疗。2017年7月28日，我在中日友好医院成功接受了手术，切除了病变组织。手术虽然成功，但康复的过程却异常艰难，身体与心灵都遭受了巨大的折磨。

正是这段经历，让我更加珍惜生命与健康。我开始反思自己的人生观和价值观，更加深刻地理解了“成长比成功更重要”的道理。在康复疗养的过程中，我逐渐找回了生活的乐趣与工作的热情。我以更加积极的心态面对生活与工作，努力让自己变得更加坚强与勇敢。

06 感恩：金石十年，赓续璟承

时间如白驹过隙，转眼间到了2020年。因对太极文化的热爱，我前往郑州，成为陈式太极拳第十一代传人张志俊先生的亲传弟子。在郑州朋友的关爱下，我努力学习太极拳，不仅锻炼了身体，精神也得到了极大的升华。我致力于推广太极拳文化，让更多的人感受到太极的魅力与智慧。

与此同时，金石公司也在不断地成长与壮大。经过十年的发展，它已从初创公司成长为具有一定影响力的企业。我们在全国设有十几家分公司，并获得了国投泰康信托的战略投资以及私募股权投资、保险经纪、基金销售等牌照。这些成就不仅是对我们努力的肯定，更是对我们未来的鞭策与激励。

2024年6月，我们公司与名门望族上市公司裕承科金ARTA、喜神资产共同发起成立了璟承联合家族办公室。我们依托股东的牌照资源和专业能力，为超高净值家族客户提供全方位的定制服务。这一举措不仅拓展了我们的业务领域，更让我们有机会与更多优秀的家族合作，共同创造更加美好的未来。

2024年10月，璟承联合家族办公室郑州中心成立。我荣幸地成为名门望族家族办公室的管理合伙人，为家族客户提供全方位的服务。这一身份不仅让我感受到了肩上的责任与使命，更让我深刻体会到了成长的喜悦与成就。

回首过去，我从一个小镇青年成长为名门望族家族办公室的管理合伙人，这一路走来，充满了艰辛与不易。但我深知，正是这些经历让我更加坚韧与勇敢。

我感谢每一个帮助过我的人，感谢每一次挑战与机遇。我将以更加饱满的热情与坚定的信念，继续前行在成长的道路上，为更多人创造更美好的生活，共同推动中国式现代化的早日实现。

命运转折与富足之源，剑桥女博士的 13 年留学路

唐文娜

吴聊传播 CEO

英国 CamEmpower 咨询公司创始人 &CEO

英国剑桥大学教育学博士

英国牛津和剑桥大学教育学双硕士

曾任职于头部教育互联网大厂宝宝树 &VIPKID

01 命运之轮的转动

命运掌握在自己手中，但有时候，一个决定、一次机遇，就能让命运之轮转向不同的方向。

我出生在辽宁省大连市的一个普通工人家庭，父母都是50后，他们经历了那个时代的艰辛与不易。从小，我就听他们讲述着关于持家与奋斗的故事，这些故事像一盏盏明灯，照亮了我前行的道路。他们虽然只有初中文凭，却深知教育的重要性，坚信知识能够改变命运。正是这份坚定的信念，让我有机会踏上留学的征途，开启了一段改变命运的旅程。

2002年，19岁的我，带着对未知世界的憧憬和丝丝不安，独自飞往英国。那一刻，我仿佛站在了命运的十字路口，前方是未知的挑战，背后是家人的期望。初到异国他乡，环境陌生、文化差异和生活的种种不便接踵而至。我不会做饭，每天只能依靠米饭和榨菜度日；汇率的高昂让我每周的伙食都显得单调而寒酸。办理银行卡、警察局注册、去学校上课，所有的事情都需要我独自面对，我不想给家里打电话说自己的不容易。孤独、迷茫、挫败感像潮水般涌来，我不知道未来还有多少未知的困难。

然而，正是这些挑战，激发了我内心的坚韧与勇气。我开始尝试跟同学们学着做简单的饭菜，虽然最初的味道并不尽如人意，但每一次的尝试都让我离“自给自足”更近一步。我学会了合理规划生活开支，之前在国内的时候买东西从来不看价钱，现在学会货比三家找性价比最高的选择。更重要的是，我学会了如何在异国他乡找到属于自己的位置。我积极参加学校的社团活动，与来自世界各地的同学交流互动，强迫自己融入英国的生活和文化。

当我本科毕业，拿到证书的时候，内心的激动和自豪难以言表。那一刻，我知道，我已经不再是那个初来乍到、手足无措的小女孩了。留学，让我学会了勇敢和独立，也让我明白了自己的潜力和价值。

02 学历：富足力量的源泉

威廉·巴特勒·叶芝说过：“教育不是填满水桶，而是点燃火焰。”

在英国的求学生涯中，我付出了无数的汗水和努力。从最初的语言学习到后来的专业课程学习，每一步都充满了挑战与艰辛。但正是这些挑战，让我更加珍惜每一次学习的机会，也让我在知识的海洋中不断成长和进步。

最终，我获得了双学士，牛津、剑桥的双硕士以及剑桥的博士学位。这些学历不仅是我知识的积累，更是我富足力量的源泉。它们让我拥有了更多的选择权，让我在求职市场上备受青睐。当我回国求职时，许多公司都对我抛出了橄榄枝，老板亲自面试、薪水高于同期入职的伙伴，这些待遇都源于我的学历背景。

创业路上，我的学历更是成为我最有力的名片。当我谈项目、谈合作时，很少有人拒绝与我沟通。他们看中的不仅是我的专业能力和学术背景，还有我追求知识增长和自我提升的精神面貌。这份信任与尊重，让我更加坚定了自己的创业之路。

然而，学历并不是万能的。在创业的过程中，我也遇到过种种困难和挫折。资金短缺、团队不稳定、市场竞争激烈……每一个问题都像是一座大山压在我的肩上。但正是这些挑战，让我更加珍惜每一次成功的机会，也让我学会了如何在逆境中寻找机遇。

03 留学：拓宽人生的宽度，洗涤内在的小我

留学不仅让我学到了先进的知识和技能，更让我有机会接触到不同的文化、观念和价值观。在英国的岁月里，我见证了不同文化的碰撞与融合，体验了异国风情的独特魅力。我学会了用更开阔的视角去看待问题，学会了在多元的文化背景中寻找共通之处。

记得有一次，我参加了一个国际学生交流活动。在活动中，我结

识了来自世界各地的朋友，我们一起分享各自的文化和故事。有一个来自非洲的朋友告诉我，他们那里的人们非常热情好客，喜欢用音乐和舞蹈来表达自己的情感；而来自亚洲的朋友则分享了他们对传统文化的热爱和传承。中国人更为含蓄，觉得树大招风，所以主张低调做人；美国同学们却以自我表达为荣……

这些交流让我深刻感受到了世界的多样性和文化的丰富性。这些经历让我变得更加包容和理解，让我能够更好地认识自己和这个世界。我开始学会用更加开放和包容的心态，去接纳不同的人和事；用更加积极和乐观的态度，去面对生活中的挑战和困难。

留学不仅是知识的积累，更是心灵的洗礼。

留学不仅让我获得了丰富的知识和技能，更让我在心灵上得到了洗礼。它让我学会了如何面对孤独和困境，如何在异国他乡找到归属感。在留学的日子里，我经历了许多孤独和寂寞的时刻。每当夜深人静时，我总会想起远方的家人和朋友，心中充满了思念和牵挂。然而，正是这些孤独和寂寞的时刻，让我更加珍惜身边的一切，也让我更加明白自己的价值和使命。

留学让我认识到了自己的渺小和世界的广阔。我知道，无论未来走到哪里，这段留学经历都将是我人生中最宝贵的财富。

04 留学与家庭：传承与回馈

家庭是社会的细胞，也是我们最坚实的后盾。

我的留学经历不仅改变了我个人的命运，也对我的家庭产生了深远的影响。父母一直是我最坚实的后盾，他们无私的支持和鼓励让我有勇气面对留学过程中的种种挑战。而我通过留学获得的成就和回报，也让父母深感欣慰和骄傲。

每当春节回家时，看到父母脸上洋溢的笑容和自豪的神情，我的内心都充满了感激和愧疚。感激他们一直以来的支持和付出，愧疚自己无法常伴他们左右。然而，正是这份感激和愧疚，让我更加珍惜与家人相处的时光，也让我更加努力去回馈家庭和社会。

如今，我已经成为一个独立自主的女性，拥有了自己的事业和家庭。然而，我始终没有忘记父母的养育之恩和家庭的温暖。我尽自己最大的努力去回馈家庭和社会，为家人创造更好的生活条件，也为社会做出一份微薄的贡献。

同时，我也非常注重家庭教育的传承。我希望通过自己的言传身教，让女儿明白教育的重要性，成为一名独立女性的重要性，并鼓励她勇敢追求自己的梦想。我相信，只有让下一代拥有更广阔的视野和更高的追求，才能让我们的家庭和社会，更加美好和不断进步。

05 留学：改变命运的力量

命运不是偶然，而是由一系列的选择和努力所构成的。

回顾自己的成长历程，我深感留学对我命运的深远影响。它不仅让我获得了丰富的知识和技能，更让我在精神、文化和社会关系等多个维度上得到了富足。这份富足的力量让我有勇气面对任何挑战和困难，也让我更加坚定地走上了属于自己的成功之路。

我想对每一个有梦想、有追求的人说：如果有机会，请勇敢地去留学吧！留学不是一场简单的旅行，而是一次心灵的历练和成长的飞跃。愿每一个留学归来的你都能收获属于自己的成功与幸福！

06 留学归来的选择与坚持

2015年，我选择了回国发展，独自一人留在北京打拼。这是一座每天都充满机遇与挑战的城市，也是我实现梦想的舞台。我创办了自己的MCN机构，致力于通过新媒体，帮助企业家们实现全域营销的整合，提升他们的影响力。然而，创业之路并非一帆风顺，我遇到了无数的困难和挫折。

记得有一次，我们为了争取一个大型企业的合作项目，连续加班了几个通宵。然而，在最后的竞标环节中，我们还是因为一些细节上的不足而遗憾落败。那一刻，我感到非常沮丧和失落。我独自坐在办公室里，望着窗外的灯火阑珊，心中充满了迷茫和困惑。我开始怀疑自己的选择和能力，甚至想过放弃。我适合留在北京吗？

然而，正是这些挫折和失败，让我更加坚定了自己的信念。我知道，创业之路从来都不是一帆风顺的，只有经历了风雨才能见到彩虹。我开始反思自己的不足和问题所在，不断调整和优化自己的团队和项目。最终，我们凭借出色的表现赢得了更多客户的信任和支持。